马科学

内蒙古马文化与马产业研究丛书【口袋书】

芒来 白东义 格日乐其木格 • 编著

内蒙古出版集团
内蒙古人民出版社

图书在版编目（CIP）数据

马科学 / 芒来，白东义，格日乐其木格编著 . — 呼和浩特 : 内蒙古人民出版社，2019.7（2023.3 重印）
（内蒙古马文化与马产业研究丛书 : 口袋书）
ISBN 978-7-204-16010-5

Ⅰ . ①马… Ⅱ . ①芒… ②白… ③格… Ⅲ . ①马—动物学—研究 Ⅳ . ① Q959.843

中国版本图书馆 CIP 数据核字（2019）第 155265 号

马科学

作　　者　芒来　白东义　格日乐其木格
责任编辑　贾睿茹　李　鑫
封面设计　额伊勒德格
出版发行　内蒙古出版集团　内蒙古人民出版社
地　　址　呼和浩特市新城区中山东路 8 号波士名人国际 B 座 5 层
网　　址　http://www.impph.cn
印　　刷　内蒙古恩科赛美好印刷有限公司
开　　本　889mm × 1194mm　1/48
印　　张　3.125
字　　数　65 千
版　　次　2019 年 7 月第 1 版
印　　次　2023 年 3 月第 2 次印刷
标准书号　ISBN　978-7-204-16010-5
定　　价　12.80 元

如发现印装质量问题，请与我社联系。
联系电话：（0471）3946120

编委会

前　言

马，一种与人类生活息息相关的动物，曾在人类的文明进程中扮演了重要的角色。马的驯养及应用，极大程度地向前推动了人类文明的进程。在漫长的历史长河中，马与人类形成了相互依存、共生共荣的密切关系。对于农耕时代的人们来说，马不仅是一种生产、生活资料，还是一种重要的战争资源，因而拥有马匹的多寡，也就成为实力的象征。正因为马在战争中发挥的作用巨大，使“铁骑”被赋予了更强悍的威慑力，而不同民族的文明也随着点点马蹄的落地四散传播开来。马，不仅是一种战争资源，还是人类的朋友。老马识途，讲的是马对人的帮助；马革裹尸，讲的是人与马的共存亡。理想中的英雄亦多有名马相伴，就连落魄英雄项羽自刎乌江，还有乌骓马殉葬左右。然而，对于生活在现代社会的人们来说，马似乎与我们渐行渐远，几乎淡出我们的视野。说了如此之多，那么马到底是一种什么样的动物呢？为什么对人类生活的影响如此之深呢？本书将带你一起走进马的世界，探究马的奥秘。

目录

第一章 马的起源与进化

第一节 马的进化史

从生物学分类角度来说，马是哺乳纲奇蹄目马科马属草食性动物。马属动物起源于6000万年前新生代第三纪初期，其最原始祖先为原蹄兽，体格矮小似狐。当它们从史前森林生活逐渐转向草原及高原生活之后，由于生活环境、生活方式的改变，如从松软的林地慢行到在坚硬的土地上急走、从以林地植被为食到以粗硬的草原植物为食等，促使一些基因发生突变，产生了新类型马种并有了一些新的体格特征：（1）体型增高、增大；（2）趾数减少，侧趾退化，中趾加强；（3）臼齿由低冠变为高冠，齿面加大，齿面构造复杂化。

例如：始新世的始新马，也称始祖马，前肢四趾，后肢三趾；臼齿低尖型，六个尖，低冠。渐新世至中新世的渐新马，前肢三趾，尚有第五趾的遗迹，后肢三趾；臼齿脊牙型，低冠。中新世晚期的中新马，前后肢都是三趾，中趾着地；臼齿脊牙型，高冠，齿面加大。上新世的上新马，前后肢只有中趾显露，第二、第四趾已完全丧失了祖先原有的功能，只剩下枝状的痕迹；牙齿也进一步进化，在结构上与现代马很相似。

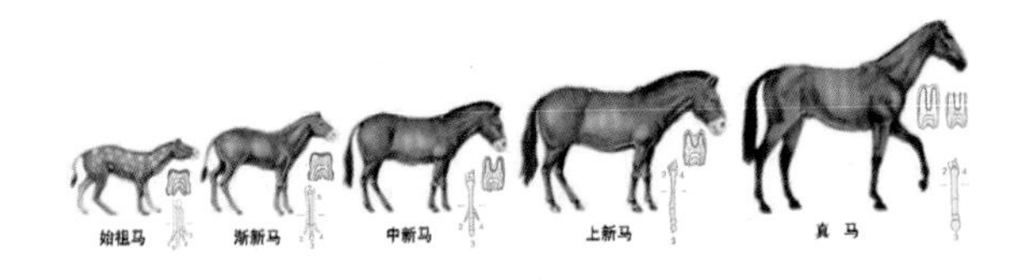

马的进化过程及牙齿和四肢骨骼变化示意图

马属动物是一个极其庞大的家族，马、驴、斑马都是其家族成员。它们有着共同的起源和亲缘关系，其生理机能、解剖构造及生物学特性等具有共性。马骡是公驴和母马交配产生的后代，而驴骡（也叫駃騠）则为公马与母驴的种间杂种，因其为不同种的远缘杂交后代，故不具有生育能力。

马，作为一种古老的动物，在远古时期就已经成为人们生产生活中不可或缺的伙伴。野马被人类驯化成家马，则体现了文明的一大进步。我国是世界上最早开始驯化野马的国家之一，在山东、江苏等地，大汶口文化时期及仰韶文化时期出土的遗物中都有证据表明，距今大约6000年前，几个野马变种被驯化为家畜。目前，全世界现存的马大约有6500万匹，我国马匹数量为600余万匹，占全世界马匹总数的十分之一。

第二节 马的基本特征

百科全书中对马的诠释是不同品种的马体格大小相差悬殊，重型品种体重达1200千克，体高200厘米；小型品种体重则不到200千克，体高仅95厘米，所谓袖珍矮马体高仅60厘米。

马的特征有：头面平直而偏长，耳短，四肢长，骨骼坚实，肌腱和韧带发育良好，附有附蝉（俗称夜眼），蹄质坚硬，能在坚硬的地面上奔驰。毛色复杂，以骝、栗、青和黑色居多，被毛春、秋季各脱换一次。汗腺发达，有利于调节体温，不畏严寒酷暑，容易适应新环境。胸廓深广，心肺发达，适于奔跑和高强度劳作。食道狭窄，单胃，大肠特别是盲肠异常发达，有助于消化吸收粗饲料。无胆囊，胆管发达。牙齿咀嚼力强，切齿与臼齿之间的空隙称为受衔部，佩戴水勒时放衔铁，以便驾驭。从牙齿的数量、形状及其磨损程度可判定其年龄。马的听觉和嗅觉敏锐。两眼距离宽，视野重叠部分仅有 30%，因而对距离的判断力较差；同时眼的焦距调节力弱，对 500 米以外的物体只能形成模糊图像，但对近距离物体能很好地辨别其形状和颜色。头颈灵活，两眼可视角度达 330° ～ 360° 。眼底视网膜外层有一层照膜，感光力强，在夜间也能看到周围的物体。马易于调教，通过听觉、嗅觉和视觉等感觉器官，形成牢固的记忆。马的平均寿命为 25 ～ 30 岁，最长可达 40 余岁，使役年龄为 3 ～ 15 岁，有的可达 20 岁。

马作为草食性动物，在野马时期就以自然生长的草木为食，繁育后代。马具有逐水草而迁徙的习性，在牧草稀缺时，会为了寻找新的牧草而迁徙，并非固定于一地，这是马的本能。马被驯养后，游牧民族也多利用这种原始方法进行放牧。

马长有很大的切齿，可轻而易举地咬断地上的牧草；面积大而结实的臼齿，可以把含有丰富纤维素的牧草磨碎，磨成适当的大小后慢慢吞咽，并不像肉食动物那样直接吞咽。马的胃虽然小，但有非常好的进食方法进行弥补：有条不紊、细嚼慢咽，平时也保持着吃草的状态；喜欢吃嫩草，即使是高秸秆的草，马也极少吃到其根部。

马的胆子很小，因此随时处于警戒状态，易被突然而至的声音吓到，既怕像气球、旗帜这样飘忽不定的东西，又怕像竹竿、雨伞等细长的东西。马有很强的记忆力，好奇心强，但是理解力较差。

休息和睡眠的目的是为了恢复体力，巩固记忆，促进新陈代谢，并将能量储存起来，这对马的生存至关重要。马通常是站着睡觉，一天之内可能只有短短几个小时是躺下来睡的。马站着睡觉的方式是继承了野马的生活习性。野马生活在一望无际的沙漠草原地区，在远古时期既是人类的狩猎对象，又是豺、狼等食肉动物的美味佳肴，它们唯一能做的就是靠奔跑来逃避敌害。白天，豺、狼等食肉动物隐蔽在灌木草丛或土岩洞穴中休息，到夜间方出来捕食。野马为了迅速而及时地逃避敌害，在夜间亦不敢高枕无忧地卧地而睡。即使在白天，它也只是站着打盹，随时保持高度警惕，以防不测。家马虽然不像野马那样会遇到天敌和人为的伤害，但它们是由野马驯化而来，因此野马站着睡觉的习性，至今仍被保留了下来。马站着休息时往往会轮流休息两条后腿，休息的腿微微弯曲轻轻放在地上，承载较少的体重，另外三条腿承载大部分的体重。马属于好动的动物，休息和睡眠时间很短。成年马平均一昼夜睡眠 6 小时左右，深睡眠只有两小时，多在破晓之前。马在深睡眠的情况下才进入无知觉的状态，其他时间的睡眠呈半知觉状态。吃饱后只要安静站立即进入睡眠。马只有在非常安全舒适的情况下，才会躺下来睡觉。

打滚是马的一种休息方式，马在疲劳或是快乐时会躺下来打滚。马通常会选定一个地方，鼻孔和嘴唇喷着水汽，打着响鼻，嗅嗅地面的气味，如果没有问题，就先用前腿跪下来，然后整个身体躺下，四脚朝天来回翻滚。马站起来的时候是先站前腿，再站后腿，站起来之后全身抖一抖，抖掉身上的沙土。

第三节 马与人的关系

从甲骨文的“马”字就可以看出其形状与我们现在看到的野马非常相像。它们耷拉着大脑袋，脖子上的鬃毛竖立着，腿很短，这些都是典型的野马的特征。远古人将日积月累的各种驯养技巧与野马的生活特性巧妙结合，培育了更有益于人类的品种。

从驯养家畜的角度来看，马既不用自己寻找食物，又有安身居住场所，这些都注定了它与人类的相处方式。马为了生存必须得到最低限度的食物保障，以此为前提，人类可以根据自己的需求来控制饲草的供给。同样，人类为了生存，也离不开家畜，从而奠定了互相依存的基础。

在现代化的今天，马的役用功能基本丧失，但作为一个重要的畜种，从物种多样性及遗传资源保护的角度看，必须重视各地方品种马的保护和利用，这是爱马人士尤为关注的事情。

马在人类的生产生活中充当了多面角色，生产、交通工具、伙伴甚至是朋友，它的作用已经渗透到人类生活的方方面面。

1. 马与生活

大约 6000 年前，从第一个人突发奇想偶然骑到马背上的那一刻起，人类的文明史就开始发生了质的变化。骑在马背上的人，视野更加宽广了，所到之处也更加遥远了，甚至遍及世界的各个角落。自此，人与马也就建立起了更加密切的关系。首先，马与人共同参加了狩猎活动，无论是骑马围捕，还是驾马车追猎，获取猎物都较先前容易多了。我国自从发掘殷墟以来到 1984 年，共发掘出殷到春秋之间的车马坑十六座，这些大都是死者生前狩猎时用过的车、马，后人便将这些马与车作为随葬之物与其埋在了一起。

马对人类社会的进步和文明的发展所做出的巨大贡献是不言而喻的，以致现在我们生活中的许多事物依然离不开“马”的概念。如马枪、马刀，甚至马路上的汽车功率都是以马力来衡量的。在我国传统的十二生肖中马排第七位。马姓也是中国人常见的姓氏之一。除了汉族以外，马姓是回族的大姓之一。

2. 马与战争

古代战争中，马是重要的战备工具。战争中战马体质强弱、快速与否，对战争胜败起着重要的作用。汉武帝为了改善军队的马匹质量，率部队征战西域，夺取汗血马，这是历史上著名的因马而引起的战争。700 多年前，“天之骄子”成吉思汗所向披靡，远征到地中海一带，在人类历史上建立了地域最辽阔的欧亚帝国，战马功不可没。

近代战争是空间战争，飞机大炮淘

汰了大刀长矛，战马也随之退役了。但就战争的整体而言，部队不能没有马，边防哨所、山地巡逻、辎重驮运、交通联络，仰仗于马的地方尚有很多。

关于马与战争的谚语和成语也不少，如马革裹尸、马到成功、秣马厉兵、汗马功劳、兵荒马乱、兵强马壮、人仰马翻、单枪匹马、千军万马、射人先射马等。

3. 马与文化

我国很多文人墨客总喜欢将宝马和英雄、美女放在同等地位。这也显示出人对马的感情要远远超过其他物种。马踏飞燕、唐彩陶马、八骏图等都是家喻户晓的艺术之作，古代赞美马的诗句也不胜其数。此外，素与马亲密无间的蒙古族，在漫长的历史过程中创造出独特的马背文化，同样吸引了世人的目光。

抛开这些止于纸上的文字，我们的脑海里浮现出一匹有血有肉的骏马，在生活中，在文字中，马的形象都是高大俊美的。虽然马已经日趋远离了我们的日常生活，但我们无法忘记马对我们的生活曾经有过的影响。因为当马彻底被机器取代时，人类失去的不单是一种工具，还是一个有情感的朋友。

第四节 中国马的起源与发展

迄今世界上公认的马起源地为北美洲，通过不同地质年代地层中发掘出的马化石，绘制成的马进化系谱，表明了自第三纪以来约五千万年马种的发展和系统演化过程。

在我国山东省出土的中华远古马化石、湖南省出土的衡阳远古马化石，都出现于始新世的地层，与在欧美考古发现的始新马同属于始新马亚科，前肢有四趾，后肢变成三趾。而后在内蒙古通古尔发现了戈壁安琪马，在南京市郊区发现了奥尔良安琪马，这两个种出现于中新世，它们的体格已增长，如同小驴一般。后又发现上新世的齐氏中华马。由以上资料可见，中国马种的起源并不晚于欧美，只是发掘得还不够，未能构成一个系统演化的图谱。此外，在山东历城城子崖的属龙山文化遗址和河南汤阴白营等新石器时代遗址中还出土过马骨。在甘肃永靖大何庄齐家早期文化遗址中出土的马下臼齿，经碳素断代并校正，断定其生活年代约为公元前 2000 年左右，经鉴定与现代马无异。据《周易·系辞下》载，黄帝、尧、舜时“服牛乘马，引重致远”，说明当时马已被驯化和用于使役。

中国古代马体一般比现代马体高，历代曾出现过许多所谓“千里马”。春秋时卫国有六周尺（合今 138 厘米）以上母马 3000 匹。汉景帝时禁止高五尺九寸（合今 135.7 厘米）以上的壮年马出关，此高度正与秦始皇陵出土的陶马俑一致。宋代买马的标准合今 130.2 ~ 145.7 厘米。明代以来，由于战争的耗损和养马业的衰落，中国马种呈现整体退化趋势。

中国马业的发展历史大致可分为以下几个阶段：

早期（公元前 2100 ~ 公元前 221），是中国历史上夏、商、周各个王朝出现的时代，当时君王依据家族血缘关系分封诸侯以巩固统治，同时又不希望后者拥有过分强大的实力而对自己产生威胁。于是，君王按照奴隶阶级等级制度详细制定出什么等级的人群可以拥有什么等级的马，用限制生产规模，养马质量、数量的办法来达到控制等级人群实力的目的。

繁盛时期（公元前221～公元907），在此时期社会政治制度改分封制为郡县制式的中央政府集权，形成大一统的局面。由秦王朝开始，大力发展以军事为主要目的的养马业。到了汉代，为了与外部力量抗衡并扩张疆土，养马业成为国力的基础，优先发展。为了改良提高中国蒙古马的身体素质，汉武帝不惜发动战争，从国外夺取优良马种“汗血马”，从而开创迅速提高国力的成功模式。唐代沿袭引进优秀马种和舍饲技术的做法，使得养马业达到领先世界的水平。据记载，当时引入二十几种不同类型的国内外马种，在西北陇西（今陕西西部、甘肃南部）建马场，杂交育成“唐马”。这个时期完成了中国历史上两次马匹的大改良。

衰落时期（公元 907 ～公元 1368），由于唐末及其后的五代十国长期战乱，破坏了养马业持续发展的各种环境，中国养马业开始逐渐走向衰落。北宋末年推行的保马法等政策法规既减少了国家养马的数量，又降低了马匹的整体质量。公元 1127 年，来自北方草原的辽金铁骑轻易攻陷北宋都城并将皇帝掳走。偏安杭州的南宋王朝曾试图重建养马业，但终因江南水乡湿热，马匹死多生少而放弃。由于南宋朝廷苟安江南长达 152 年之久，自殷商甚至更早期积累下来的“正统”马业人才及技术经验消失殆尽。人们在无奈之下，只好通过边境贸易换取部分质量低劣的马匹勉强使用。

晚近时期，蒙古马异军突起，马和马产业得到显而易见的复兴。蒙古骑兵纵横万里，横扫欧亚大陆，所到之处无不望风披靡，将游牧民族的文明遍播世界。

明代马业的生产首先是国家养马场繁育提供部分马匹，其次由官方督促民间百姓收养生产部分马匹。这样虽然恢复了部分马业，但仍然不能满足人们对马的需求，只好以茶马贸易的方式从周边养马民族手中换购。为了组织施行并监督民间养马生产，明政府建立起中国养马史上最庞大的马政机构组织，先后实行过记户养马、记丁养马、记亩养马制度，并采取了养种马、征驹、寄牧等多项办法，然而缺少引进国外良种和大规模改良的产业模式和环境机制，明代养马生产的马匹数量虽然很多，但质量终究不高。

清朝是继元之后又一次少数民族入主中原，其领导者素来注重学习汉族文化。通过认真总结历史经验教训，加上自身对马在国力武备方面的充分认识，清政权围绕如何养马、如何用马等军国大事，制定出一整套严密政策，包括：从法律上独占控制马匹繁育生产权、马匹分配使用权并完全剥夺农耕民族对马匹的生产和使用权利。这意味着最大限度地控制机动力量，切实达到有效巩固其统治的目的。但是从世界大范围看，内部“削弱法”造成的客观后果却是中国整体国力的降低。

现代时期（公元 1949 ～　），是以中华人民共和国中央人民政府的成立标志着古老的中国重新进入兴旺发达时期。发展生产、迅速改良中国马品质的最好办法当然还是走汉唐之路。统计数字表明，1950 ～ 1960 年间，中国政府投入巨额资金从欧美国家引入十几个优良品种总数近 2000 匹的种用公母马，引进马种包括苏高血马、阿尔登马、卡巴金马、顿河马、卡拉巴依马、库苏木马、阿哈马及弗拉基米尔马等。我国大批量引入种马，学习养马技术，建立马场，设立马匹配种站，全面开展马匹的改良，并开始考虑育成新马种的问题。在一大批国有、集体所有的马场的共同努力下，到 1971 年，中国马匹在质量上已有明显提高，数量更是惊人，达到 1100 万匹。几年之后，原来被计划限定的农用、军用养马受到极大冲击，几乎所有的国营马场包括军用马场都下马转产，种马群、育马核心群等被移交、分散到马场以外的地方，养马质量出现大幅滑落，部分马种消失。

1978年，中国开始推行从计划经济向市场经济过渡的改革。1990年出现以市场方式运作的有奖商业赛马。此后，受到市场需求的拉动，马匹由传统役用转向非役用，育种改良方向改变，开始了新的速力化育种，一批企业组织已经介入马术运动和休闲骑乘业，由此逐步推动中国现代养马业的建立和发展。

我国历史上有三次马匹大改良：汉代引入汗血马（轻型马），比今日轻型马更重，在丝绸之路上留有深刻影响。唐代引入二十几种不同类型的国内外马种，在西北陇西（今陕西西部、甘肃南部）建马场，杂交育成“唐马”。第三次大改良是在新中国成立后，1952年从苏联一次引入8个马种共1125匹，品种及批数如下：苏高血马375匹、阿尔登马225匹、卡巴金马148匹、顿河马115匹、卡拉巴依马96匹、库苏木马76匹、阿哈马52匹、弗拉基米尔马38匹。我国大批引入种马、学习先进的养马技术、建设马场和设立马匹配种站，全面开展马匹大改良。20 世纪 60 年代，杂交改良大批进行，已开始考虑育成新马种的问题。20 世纪 70 年代，我国在杂交改良方面成绩显著、马匹数目多的东北农区、华北农区、西北农区及牧区中的几个点，已经开始由杂交改良走向育成马种。20 世纪 80 年代，新马种开始验收，但验收后管理放松，导致部分马种流失。到 20 世纪 90 年代后，因赛马、乘马和马术的需求，马匹由传统役用转向非役用，改良育种方向改变，开始了新的速力化育种。

关于各种马匹用途的起源和演变，要追溯到远古时期，据《周易·系辞下》和唐《通典礼》记载，黄帝、尧、舜时已发明了马车。殷墟出土的马车构造颇为完备。殷、周时马车普遍用于战争、狩猎和载运。在周代，马的主要用途可分为 6 类：供繁殖用的“种马”、供军用的“戎马”、供仪仗及祭典用的“齐马”、供驿运用的“道马”、供狩猎用的“田马”和仅可充杂役的“驽马”。按周代制度，仅周王可兼养 6 类，诸侯不许养前两类，大夫只许养最后两类。这种约束到春秋时期即被冲破。马耕的起源可追溯到先秦。《盐铁论·未通》说，汉代“农夫以马耕载”，同书“散不足”篇又有“古者”马“行则服扼（轭），止则就犁”，当系事实。将马广泛应用于生产和战争，无疑始自北方游牧民族。战国时中原各国为了对付北方骑马民族，纷纷改战车为骑兵，赵武灵王“胡服骑射”即其显例。驿马的地位历来仅次于军马。因古代陆上交通主要靠驿站，所以驿骑或驿车都离不开马。春秋时已有驿，至汉、唐更发达。唐代每 30 里置驿站，每站备马 8 ～ 75 匹不等。元代靠驿运联系各汗国，《马可·波罗游记》称一个驿站有马 20 ～ 400 匹，全国共有驿马 30 万匹。此外，马还被用于表演。在反映北方游牧民族生活的内蒙古狼山地区的岩画中，出现了马术表演的形象。在中原，马术始见于汉代宫廷娱乐，至唐代空前发达，有马背演技、舞马、赛马等项目。打马球起源于西藏，在唐代宫中盛行，迄明代发展成为一种军事体育运动。至于马乳饮用，则自古通行于草原民族，秦汉时传入中原。汉代宫中设专官和匠工制作马乳酒，供皇室饮用，后传至民间。因其味甘，为古代医学家所推崇。

1982年，我国成立了中国马术协会，并于1983年加入国际马联（FEI）。2002年，在全国马匹育种委员会的基础上成立了中国马业协会。赛马场、骑马俱乐部、旅游跑马场等实业不断增加。目前，全国有2000家以上的马术俱乐部，骑马休闲已成为现代消费和健康生活的时尚。良种马的改良和引进程度也史无前例。1998年由外商投资的北京华骏育马有限公司，有英纯血马2800匹，是亚洲最大的纯血马场。近年来，中国马业与世界马业的交流不断增加，国内马业企业家、学者、马术运动员、教练员、马兽医、练马师等先后到德国、法国、澳大利亚、爱尔兰、中国香港等地进行学习深造。为配合现代马文化发展的需要，2003年在北京建成了中国马文化博物馆，该博物馆是目前亚洲最大的马文化博物馆。2008年，内蒙古自治区也先后成立了内蒙古自治区马业协会、内蒙古自治区马产业发展基金会，2018 年成立了内蒙古自治区马学会。内蒙古不仅有数量众多的马匹，而且在马的研究领域也走在了全国的前列，成立了全国唯一的专门研究马的平台——马属动物研究中心。

第二章 马的外貌特征

马的外貌是指马体结构和气质表现所构成的全部外表形态。根据马的外貌特征可以了解品种特点、主要用途、生产性能以及健康状况等，并可对其育种价值作出判断。在挑选马匹时，外貌特征是选择的主要依据。因此，马匹的外貌鉴定对马科学研究和马业生产都具有重要的指导意义。

我国早在 2500 年前，在马匹外貌鉴定方面就有了相当高的水平。我国古代的相马学著作《相马经》中不但指出马匹鉴定的外部整体表现，而且提到马体各部位的相互关系，体表外貌与内部器官之间、形态与机能之间的相互关系，由表及里推断出马的生产性能。

第一节 身体结构

马的身体结构是指马的形态，更具体地说是指马的骨骼结构。身体结构包括身体各部分的完整性、协调性以及各部分之间的相互关系。在马匹的培育过程中，匀称的身体结构比例，良好的发育状况，对于日后马匹能否正常有效地工作，减小在工作中受伤的概率具有非常重要的作用。

1. 骨骼结构

马是体形较庞大的动物，全身共有216块骨骼。在此对马匹的每一骨骼不可能都做出详尽的说明，仅介绍马的骨骼特征的独有之处，也就是与其他家畜骨骼特征的差异部分。

马的头骨：顶骨和顶间骨均位于头的顶面，与枕骨一起共同构成颅腔的顶壁和后壁，顶骨还伸向两侧构成颅腔侧壁。额骨发达，额骨上无角突，额窦发达。颞骨的鳞部与岩部愈合在一起，鼓泡较发达。切齿骨上有切齿齿槽。

马的躯干骨骼：胸椎18枚，肋为18对，包括8对真肋，9对假肋，1对浮肋。肋骨与肋软骨相接处有关节囊。胸骨骨体呈左、右压扁的舟状，胸骨嵴发达。荐骨呈弓状弯曲。尾椎约15～21枚。

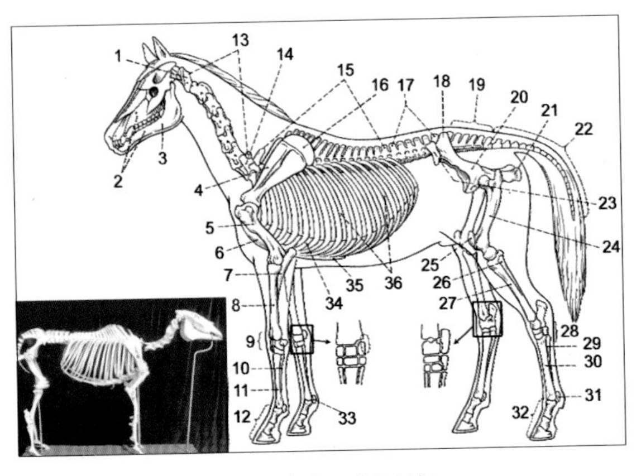

马的全身骨骼（左侧）

1. 环椎 2. 头骨（上、下颌骨） 3. 下颌骨 4. 肩胛骨 5. 肱骨 6. 胸骨（前部） 7. 尺骨 8. 桡骨 9. 腕骨 10. 第四掌骨 11. 第三掌骨 12. 指骨（包括系骨、冠骨、蹄骨） 13. 颈椎 14. 第七颈椎 15. 胸椎 16. 肩胛软骨 17. 腰椎 18. 腰椎棘突 19. 荐椎 20. 髂骨 21. 坐骨 22. 尾椎 23. 髂骨突起 24. 股骨 25. 膝盖骨 26. 腓骨 27. 胫骨 28. 趺骨 29. 第四跖骨 30. 第三跖骨 31. 近侧籽骨（后肢） 32. 趾骨（包括系骨、冠骨、蹄骨） 33. 近侧籽骨（前肢） 34. 肋软骨 35. 胸骨（后部） 36. 肋骨

马的前肢骨：肩胛骨的肩胛冈发达，其下端无肩峰。尺骨发达，鹰嘴很大。掌骨，第三掌骨为大掌骨，第二、第四掌骨很小。指骨，仅一个指——第三指。每指各有三个指节骨。籽骨，每个指各有一对近籽骨和一块远籽骨。

马的后肢骨：股骨有第三转子。腓骨很小。跗骨：马有六块，除跟骨和距骨外，中央跗骨与第四、第五跗骨愈合在一起，第二、第三跗骨愈合为一块。跖骨：第三、第四跖骨合并一起。

马骨骼成长的好坏严重制约着马的各种生产性能。骨骼的生长基本上受遗传因素的影响，具有优秀血缘的马匹一般情况下身体结构都较匀称，但偶有例外，这就是受遗传以外其他因素影响的结果。

2. 影响马体结构的其他因素

马的体型是在遗传的基础上，在长期适应外界生态环境的过程中形成的。因此，马匹成长过程中所处的环境也至关重要。由于各地区自然条件特别是气候的差异较大，因而形成了适应不同地区的不同类型的马种。

另外，在马匹成长过程中人为地调教和锻炼也可以改变骨骼及肌肉的长短、角度和连接方式，进而改善各部位的结构。调教和锻炼不仅是争取培育优秀马种的重要手段，也是改进马匹体型外貌和品种品质的必要措施。

3. 身体结构缺陷

人们根据马匹身体结构的好坏，一般会将马匹分为良马和驽马，有些体貌特征可提示优良，有些形状则可提示驽劣。良马身体比例协调，能够适应其所负担的工作；如果身体结构比例失调，马匹在工作中很容易受到伤害。下面就以驽马的身体略作介绍。从外观看，驽马耳大，垂缓，转动不够灵活；眼睛小而无神；头粗大笨重，短而宽，腮部肉多；颈部低平且短，僵硬，倾斜成“母羊颈”，导致咬嚼和运载困难；肩短，向垂直方向直立；背僵硬，长而弱；腰部软弱，凹凸无力；肚带不够深；尻部过长，斜度过大而窄，发育不良；四肢孱弱，筋腱肌肉轮廓不明显，系部过长或过短，肢势不正；蹄形变异过厚、过薄或过大，蹄质粉脆。如果将上述驽马的特征全部绘制于同一张图上，那么将是一匹滑稽可笑的马儿吧！

第二节 马的尾巴

马尾是马匹的保护器官，它连接躯干，由 16 ~ 18 块尾椎骨组成，尾与躯干的附着位置称尾础或尾根。我国原有的地方品种马尾础较低，尾毛长而浓密，经过改良定型后的品种马尾础较高，尾毛短而稀少。马尾丛生几千根马毛，不同马尾具有不同的颜色，为其俊美的外貌增添光彩。马尾也是人们从外貌识别马匹的重要特征之一。马匹逍遥漫步时尾巴会左右摆动，更显其活力，奔跑时马尾高扬也使其更具悍威力。

其实，马尾不只像外貌组成这样简单，它还有更重要的生理功能。我国原有的地方品种的马匹生活在环境恶劣、气候寒冷的牧区，少有棚圈，马尾长约一米，尾毛浓密，可以保护后躯和生殖器官，有防寒和保暖的作用。马尾又像活动的扫把，经常东摇西扫，既可清洁后躯，又可驱赶蚊蝇，使马匹安静采食和休息。改良品种的马匹，特别是长期舍饲的马匹尾毛细而短，因马匹冬有厩舍保暖，夏有风扇空调，且有饲养员细心冲洗、刷拭、清洁马体，修剪鬃、尾。

另外，马尾又是重要的平衡器官，马匹快速奔跑时，马尾高扬，起到保持马体重心平衡的作用，利于速力和调节前进方向，犹如船和飞机的尾舵。马尾巴在运动中的作用十分巨大而微妙。长跑马从头到尾，整个脊椎会绷得像箭一样直，尤其是尾巴要上劲，绷到四蹄放松自如，奔跑轻快而优美。越障马越障时整条脊椎逐节加力收弯，最后尾巴着力上勾，后蹄才会收得及时有劲。越溪马腾起瞬间，尾巴上竖则浑身得势，头颈贯气而前蹄高扬，落点自然会远。

马的尾巴还与马的体力和健康状况有关。当人们提举马尾时，尾的抵抗力称尾力，据实测最大尾力可达 20 公斤，平均为 10.6 公斤。一般而言，神经敏捷，悍威强，工作能力高的马，平均尾力为 12.2 公斤。

此外，马尾毛还是重要的出口商品，小提琴的弓以马尾为原料。马尾做成的绳子是最牢固的，牧区用作套马绳。

马尾巴的功能

第三节 气质特征

所谓气质特征是指马对周围外界事物敏感性反应在其精神方面的表现，是马匹神经活动类型的象征，在马科学上称为悍威。

马的气质和它表现出的品质有很大关系，而且与其工作能力和使用价值密切相关。在鉴定马匹时，种公马和骑乘马的气质鉴定尤为突出。马的神经活动因个体差异而表现各不相同，故悍威的表现也不尽相同，通常分为以下几种：

烈悍　神经活动强而不平衡，对外界刺激反应强烈，易兴奋，易暴躁，不易控制和管理，往往因性急而消耗精力和能量，持久力差，条件反射容易建立也容易消失。

上悍　神经活动强而灵活，对外界的反应敏感，但兴奋与抑制趋于平衡，行动敏捷，工作持久，能力强，容易饲养管理。

中悍　神经活动稍迟缓，对外界刺激的反应略显迟钝，易调教，工作性能好。

下悍　神经活动以抑制为主，对外界

刺激的反应略显迟钝，工作不灵活，工作效率低。

第四节 体质特征

体质特征是马体的结构和机能的全部表征状态，是马的外部形态和生理机能的综合体，能够体现马匹身体组织的强壮性，即结实程度。马的体质与外貌密不可分，体质是外貌的内部反应。马匹体质的优劣，决定着马匹的生产性能、育种价值等方面。马的体质可细分为：

湿润型 头大，皮下结缔组织发达，肌腱、关节不明显，肌肉松弛，皮厚毛粗，性情迟钝，不够灵活。

干燥型 头部清秀，皮下组织不发达，关节、肌腱的轮廓明显，骨骼结实，肌肉结实有力，皮肤较薄，被毛短细，性情活泼，动作敏捷。

细致型 头小而清秀，骨量较轻，肌肉不够发达，皮下结缔组织少，皮薄毛细，性情活泼。

粗糙型 头重，骨粗，肌肉厚实，躯

干粗壮，皮厚，毛粗长。

结实型　头颈与躯干的结合匀称协调，躯干粗实，四肢骨量充分，全身结构紧凑，肌腱、韧带发育良好，关节明显，无粗糙外观，被毛光泽。

马群中单一体质类型的马很少，一般都是以某种类型为主其他类型为辅的混合型。

第五节　马的毛色与别征

马的毛色和别征是识别马匹品种和个体的重要依据，是马匹登记过程中不可或缺的内容。马的毛色能够体现出马匹的表观外貌、精神状态及营养状况等内容。

马毛包括全身的被毛，对马体起保护作用的保护毛（鬃毛、鬣毛、尾毛和距毛）和分布于口、眼、鼻周围具有触觉功能的触毛。

1. 马的毛色

我们知道，马生来就有许多不同的毛色。马的毛色基本上分为两大类：一种是单毛色，除鬃、尾以及四肢外，全身被毛只有一种颜色；另一种是复毛色，即被毛由两种以上的颜色混合而成。人们习惯将骝、栗、黑、白四种毛色看作正毛色，其他毛色则看作杂毛色。杂毛色中，又有一些较为特殊的毛色被称为稀有毛色，如花毛、斑毛等。

骝、栗、黑、白四种毛色都属于单毛色。骝毛马被毛中总有一些黑色区域（包括四肢、口鼻、鬃、尾以及耳尖），其四肢会有白色毛。骝毛马毛色由浅到深又可分为淡骝毛、枣骝毛及黑骝毛，这些是最受人们青睐的毛色。所有栗毛马被毛都有红色基调，且鬃、尾、四肢及耳朵的毛色与身体的毛色基本一致。栗毛色由浅到深也可分为多种，有黄栗毛、金栗毛、红栗毛和黑栗毛。骝毛马与栗毛马最大的区别在于前者的鬃和尾通常是黑色的，而栗毛马的鬃和尾由浅到深为棕黄或栗红色。黄栗毛马通常突出部分的毛色并不比身体的毛色浅，虽然它的鬃和尾末梢颜色略浅一些，但其基色却与身体相一致。若其鬃、尾及四肢的颜色明显比身体毛色浅很多，这可能就是一匹金栗毛马。金栗毛马的体部毛色为红栗色，而鬃、尾则是金黄色，四肢、耳与身体毛色相同。红栗毛马毛色一般为鲜红色或紫红色，这种毛色鲜艳夺目、光彩亮丽，十分醒目，因而极受人们的喜爱。

骝毛色的马

栗毛色的马

黑色毛的马

白马有两种。纯白马一般较为少见，其双亲之一也必为白色。纯白马皮肤为粉红色，眼睛一般为淡褐色或褐色，被毛为白色。Sabino 马被毛也为白色，其额头与耳朵的毛色有时为黑色，皮肤粉红，眼睛为黑色。以下几种马人们易误认为是白马：年老变白的灰色马，虽然它们的皮肤与眼睛为黑色，但不是真正的白马；奶油色马

白色毛的马

和珍珠色马的皮肤为粉红色，眼睛为蓝色，它们的被毛并不是白色，而是淡奶油色，这些会被人误认为是白色。奶油色马的鬃、尾一般为白色，而珍珠色马的突出部位毛色要深一些，它们的鬃、尾则通常为橘红色。

有些马驹在一岁左右要变换毛色。当马的被毛被修剪后，毛色也会有所改变。灰色马的毛色改变尤为突出，随着年龄的不断增长，被毛也逐渐变白。毛色还会随光线的明暗而有所变化，当然也与日粮、管理条件以及其他环境因素有关。有人认为毛色浅者脾气暴，也有人认为“色淡则体弱”。颜色深一点的如骝毛、栗毛更引人注目，因而这样毛色的马倍受人们青睐。许多人为获得某种特定毛色的马而煞费苦心，但是马匹育种者对毛色的偏爱一般较少，有时甚至不加考虑。

2. 面部别征

面部别征主要有额星、流星、鼻星等。

额星马前额有近似圆形的小白斑，如果白毛过少则不能称之为额星，而为飞白。此外，我们还根据额星的大小与形状将其细分为小星、大星、菱星、三角星、卵形星、弯曲状星、心形星、有边缘星（此星边缘是白毛与被毛的混合毛）以及多角星（即有两个以上顶点的额星）等。另外，还有些额星不能被划为任何特定的类型，就称之为不定形星。

流星指从前额向鼻梁延伸到口鼻的部位有连续白色条纹，其宽度、方向与走势常用于描述流星的走向。比如，1.5 厘米宽的流星称之为细长流星，2~8 厘米宽的称之为长广流星，更宽的则称作白焰。有些不连续的流星称之为断流星，流星一般延伸到马的鼻孔。当马匹的整个面部都为白色时，则称为白面。如果马匹的唇或口鼻为白色，则分别称为粉口和鼻端白。

如果马匹眼睛的视网膜缺少色素，易形成白眼或瞪白眼。瞪白眼是一种脾性不好的象征，所以许多人买马时都对有白眼的马避而远之。

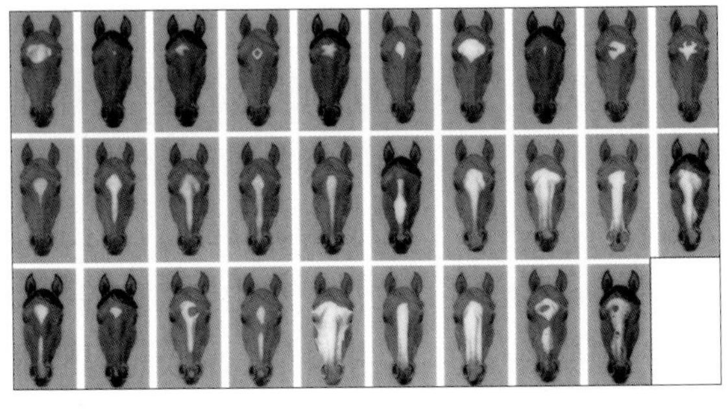

马的头部别征示意图

3. 四肢别征

四肢别征是马四肢上的白毛区域，主要根据其大小和位置来命名。

附蝉，是马匹的四肢内侧近似圆形的角质物，俗称夜眼。前肢上的附蝉多在内侧前膝上方；后肢上的则多在后飞节内面附近，没有夜眼形状完全相同的马匹。夜眼一旦长成，大小、形状一生不会再改变，因而经常被用于马匹鉴别。马的后肢上是否有夜眼，在登记时要作详细记录。

斑马纹，是指有些马如兔褐毛马的四肢上存在原始条纹。

蹄冠白，是蹄冠部有约 2.5 厘米的白色带纹，如果该白色条带较宽且低于系部一半以下，就称为蹄冠和部分系白。蹄球白是指马蹄的两个蹄球都为白色。系白指马球节以下蹄冠与系部全为白色。通常我们还会根据白色区域的长度进一步将其细分为系二分之一白和系四分之三白。球节白指马球节以下的部分全为白色，也叫踝白。管白是指马球节和部分管部为白色。当白色区域到达管部四分之一时，称为管四分之一白；当白色区域达到并超过管部二分之一时，称为管二分之一白；当白色区域达到管部四分之三时，则称作管四分之三白。踏雪指超过管部四分之三的部分都为白色，有时白色区域会达到前肢的膝盖或后肢的跗部。雪里站指白色部分延伸到前肢的膝盖以上，有时甚至达到前臂部位。

记录马的身体特征时要注意其颜色、大小及位置，如被毛上的暗斑，身体上较大且暗或白的补丁，有时在马身上也会发现一些散在的飞白。此外，陷窝、旋毛等也都是常见的特征。陷窝，又称预言者的拇指印，是皮下肌肉小的凹陷部位，属永久标记，通常存在于马的肩胛和颈部肌肉处。旋毛是指与周围生长方向相反的一小片被毛区域。旋毛是很常见的身体特征，所以登记马匹时应详细记录每一个旋毛的位置及其大小等。几乎所有的马在其前额、颈峰与颈的两侧及臀部至少有一个旋毛。有人认为马额头有旋毛是一种不吉利的象征，其实不尽然。背线是马匹背部中间的一条暗色条纹，有时背线会穿过马鬃，延伸到马的尻部，甚至尾部。

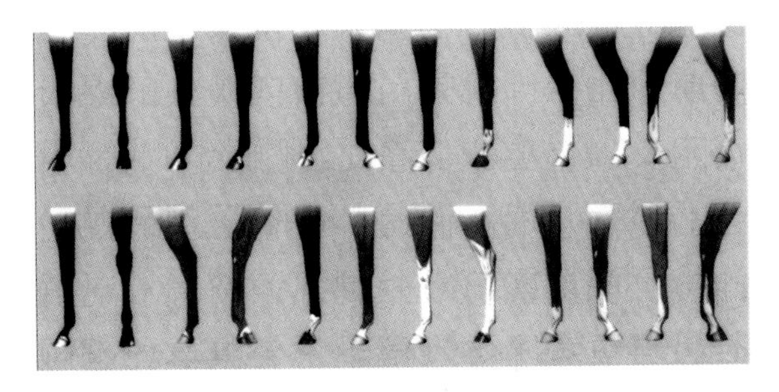

马的四肢部别征示意图

4. 后天获得性别征

后天获得性别征是指在马出生后增添的一些标记，常见的有印记、伤疤和刺纹。印记分冷烫印记和火烙印记，冷烫印记是先将带有符号的印铁在液氮中致冷，然后将其紧贴于皮肤几秒钟。冷烫持续的时间是刚好能破坏毛囊中的色素细胞，但又不会损伤皮肤或杀死毛囊细胞。一般对深色马匹冷烫的时间要长一点，对浅色马则稍短一些。冷烫后，该部位的毛变白，会形成一个显眼的记号。火烙印记则用烙铁烧伤、杀死皮肤细胞，在皮肤上留下一个伤痕。因为火烙印记对皮肤损伤较大，所以留下的标记明晰可辨。

以上两种标记都是在马匹的颈、颌、肩以及臀部留有一些数字、字母或图标。一般印记包括马匹的品种、出生地和国家注册部门授予的注册号码等信息。在马匹失踪或被盗后，印记是证明所有权的有力凭证。印记同时也是畜种饲养者最乐于使用的工具之一，因为每一个印记都不同，并且能反映出马匹所有者的性格。无印记的马被称为“滑毛”，要对它作合法鉴别几乎是不可能的。

伤痕是马受伤后在身体上留下的痕迹。在马匹登记时应记录下伤痕的确切位置及是否有毛等特征。刺纹是在马的上唇靠下的部位刺上的字母或一组数字。进口马匹在该部位是一个星形刺纹，而不是字母刺纹。有时马的下唇也会有刺纹。

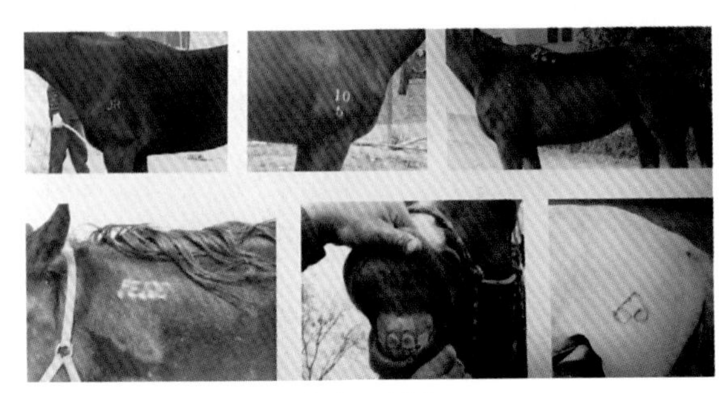

马的不同印记

总之，马的被毛和其他特征对于马匹的识别与分类具有十分重要的意义。特别是马的毛色，对于某些民族来说，不同毛色的马象征不同的意义，更代表了其不同的民族文化和民族精神，因而显得尤为神圣和重要。

第三章 马的感知与行为

马，为什么会成为人类驯养的对象？那是因为马具有很强的奔跑和跳跃能力，而这正是人类所需要的。马的性情比较温顺，它从不主动攻击人类和其他动物，但这并不表示马没有个性，相反，它是一种个性很强的动物。从外表看，马温顺、安静，但在它内心深处那种强烈的竞争意识是其他动物所不能及的，在与同类竞争中有着累死也不认输的性格，从赛马上就可以看出马的这种心理。在战场上，许多马并不是在枪林弹雨中倒下的，多是剧烈奔跑致死。如果用拟人的手法来描述马：它拥有宁静的内心和勇于献身的精神，是最具高贵、潇洒气质的生灵。

第一节 马的眼睛

人们认为，始祖马是在黎明前光线较暗的低矮灌木林地带活动。随后其生活环境逐渐转向草原，从而马的脖子也逐渐变长，与此同时视野也逐渐变得宽广，能将草原或低矮的灌木林尽收眼底。此时，马的眼睛已成为避免肉食动物袭击的重要器官。尽管经过了漫长的进化过程，现代马的眼睛还残存着许多野生时代的特点和机能。在马的眼里，世界是怎样的呢？

1. 马的视野

陆生哺乳动物中马的眼球最大，深度为44毫米，纵径和横径都为48毫米，重量约100克。这样大的眼球位于头的两侧，能同时用左右两眼分别观察周围的事物（单视眼）。马的眼睛是通过透明的角膜、横向宽广椭圆形的瞳孔以及附着其上如同葡萄一样的虹彩颗粒来成像的。以马为代表，许多草食性动物的瞳孔横轴较长，这样的眼睛横向视野较为宽广，但纵向视野却有局限性。因为眼睛生长在头部的两侧，所以能够看清全景。马的眼睛生在头部的靠上端，所以看到的事物与人类眼睛看到的截然不同。人的眼睛看东西一般都集中在两眼聚光的中心部分，而马的眼睛看东西则主要集中在眼睛的两侧。其视线的中心部分所呈现的物像是歪曲模糊的。奔跑的马的注意力主要集中于周围而不是前方，即所谓的“周边”视觉，这使它跑得更快。

赛马时所用的遮眼套就是为了限制马后方的视野，因为赛马需要集中精力，而从横向或后方靠近的马会使其感到惊恐，从而分散它的精力。另外，在安装马鞍或进行外伤治疗时，要尽量从马眼睛的后方，把手撑形成碗一样的形状，慢慢遮挡住马的视野。

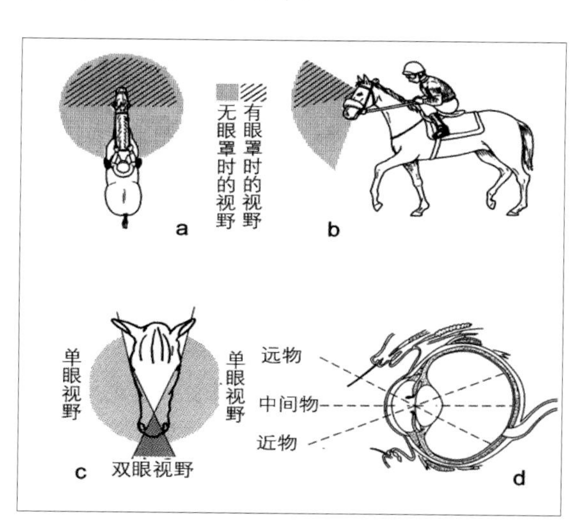

马的视野示意图

a. 俯视 b. 侧视 c. 俯视 d. 眼球镜像示意（远、中、近）

2. 马的视力

草原上吃草的马，由于视角可达330°~360°，只有尻部后方才超出它的视野，所以不用回头也能看清楚身体周围的一切事物。马除了视角宽阔外，还对前方移动的物体有敏锐的识别能力，所以多数马会对突然飞来的鸟、随风舞动的纸片或是突然动起来的东西感到惊恐而本能地逃开。马的眼位于头部两侧，视野在中央的重叠部分很窄，只有30°左右，不及食肉动物的三分之一。因此，马所见到的主要是平面影像，缺乏立体感，对距离的判断能力较弱，致使马的信息感知能力较差。

马的眼底的视网膜外有一层照膜（该部分在人体中不存在），可将透过视网膜多余的光线再返回到视网膜感受器，因而视神经的感受量可大于原光的两倍以上。在弱光的情况下，由于照膜的反射，使物体清晰度明显提高。因此，马能够清楚地辨别夜路和夜出的动物。夜间骑乘时马常常打“响鼻”，表示它发现了夜游的动物或异物，用“响鼻”予以警示。

强光对马是一种逆境刺激，经常会引起马的焦躁不安。因此，在运输过程中应尽量避免强光。马对红色光的刺激反应强烈，调教、使役中应注意避开红色物体，防止马过分惊恐；马对毛色有一定的好恶感，相近毛色者往往会聚集在一起。马对常见的颜色还会产生条件反射，如对穿着白衣的兽医或采精员会产生相应的躲避反应。

马的瞳孔对强光有调节功能，即使在强烈的阳光下也不会影响视力。其中发挥关键作用的是富含黑色素的虹彩颗粒，即使虹彩颗粒缩到最小，也还有吸收强光的作用。

第二节 马的鼻子

1. 鼻部结构

马的鼻孔较大，呈逗点状，由内外两侧鼻翼围成。鼻梁骨主要位于内侧鼻翼，略呈勺状，附着于鼻中隔软骨前端，其上部为扁而宽的板，向下为窄而弯曲的角，向下弯曲构成鼻内翼和下联合的基础。马的鼻腔与牛的鼻腔相似，但鼻中隔对两侧鼻腔分隔完全，直抵鼻腔底壁，壁后孔也分为左右两半，下鼻道较牛的狭窄。

2. 嗅觉

马的嗅觉很发达，是强有力的信息感知器官，这使它在听觉或其他感知器官没有察觉的情况下，也能很容易接收外来的各种信息，并对其迅速地做出反应。发达的嗅觉与灵敏的听觉以及快速而敏捷的动作完美结合，是千万年来马成功进化的标志，也是马主要的生理特征。

马在认识或辨别事物信息，特别是近距离的陌生物品或动物时，首先会用嗅觉来探知，有时会主动接近物品，鼻翼扇动，作短浅呼吸，力图吸入更多的新鲜气味信息，加强对新鲜事物的辨别，然后进行相应的休憩或躲避等行为。马能根据嗅觉信息识别主人、性别、母子、同伴、路途、厩舍和饲料种类等。发情的母马的气味可以远距离吸引公马，这当然是靠公马敏锐的嗅觉。公马在遇到母马发情时常有返唇行为（性嗅反射）。实验表明，即使马匹蒙着眼，也能凭嗅觉准确找回自己的马厩。另外，有的马甚至能辨别出穿便装的兽医。

群牧马或野生马依靠嗅觉可辨别空气中微量的水汽，借以寻觅几里以外的水源和草地。这就是野生的马群能够在干旱的沙漠中生存的原因。另外，马在草原上能辨别植物是否有毒，很少因误食毒草而中毒。同样，马也能依靠嗅觉鉴别出污染的水，而不会误饮。马根据粪便的气味，可以找寻同伴，避开猛兽和天敌。马对不同的嗅觉信息会有不同的条件反射。当嗅到生疏或危险的信息时，会发出短促的喷鼻声（打响鼻）以示警备，并把这一信息通知同伴。马对同伴排泄物的气味有着极强的反应，公马愿意在发情母马曾经排尿的地点排尿。马驹如闻到新鲜的排泄物，会产生强烈的排泄反应，如排粪或排尿。

马的鼻腔很大，鼻腔下筛板和软腭连接，起到隔板的作用。因此，马采食时仍可以通过鼻腔获得嗅觉信息，既可选择食物，又可警惕敌害，两者互不干扰。马还能利用嗅觉去摄取身体内短缺的营养物质。

调查马依据气味摄取饲料的情况，我们发现，在日常的饲料中分别加入咖啡、胡萝卜（按0.05%的比例添加），马匹会优先选择有胡萝卜味的饲料。

第三节 裂唇嗅和气味的关系

裂唇嗅为上唇翻起之特殊行为，此行为有利于气味传递至嗅觉器官。裂唇嗅行为一般在数秒内完成，在整个过程中如果呼吸状态不规律，这种行为就很普遍。这种呼吸变化是通过呼吸系统来调控的，调控路径是通过嗅神经和三叉神经进而影响唇部反应。另外，由于此行为刺激嗅觉，所以马的血压和心率也会受到影响。

为了调查马的裂唇嗅行为是由什么气味引起的，研究人员进行了马对气味反应的实验。实验开始前首先把蒸馏水抹在马鼻子上，观察是否发生反应，然后把被检测药品打乱顺序让马闻，如果是检测同一种气味，逐倍稀释之后再给马嗅，改日反复多次进行实验，结果表明闻蒸馏水会发生反应行为的马有一匹，对醋酸味反应迟钝的马有四匹。对各种药水发生反应行为的比例为：对纯净水反应的占 14%，对醋酸反应的占 80%，对油反应的占 66%，对乙醚反应的占 64%，对氨水反应的占 34%。由此可见，醋酸是引起马产生裂唇嗅反应的主要气味。

即使是人类对气味的感受能力也存在着个体差异。另外对于同种气味所表现出的反应，无论谁都是体验之后才知道的。特别是气味会因个人的喜好、人种、性别、年龄的不同而不同，甚至还受个人的健康状况、心情、精神状态等因素影响。马亦是如此，对气味的敏感性会受各种因素的影响。但是对于不能自觉进行检测的动物只有通过某种反应或反应的程度来判断对气味的敏感度。嗅觉检测不同于视力检测，只能设定气味的几种标准样品，然后把其成倍地稀释，最后用来判定嗅觉。经专家研究后认为，检测嗅觉的标样一般由玫瑰香味、焦砂糖味、腐败味等五种气味组成，通过这种嗅觉标样使马发生裂唇嗅行为的过程变得更直观。

第四节 马的耳朵

1. 听觉

马的耳朵不但具有灵敏的听力，而且具有很强的辨别声音的能力，并拥有独特的交流方式，这些与其活动有着密切的关系。蝙蝠因具有超强的回声定位能力而著称。马在特殊情况下也会利用回声进行定位，即通过反射听到自己发出的鼻音和蹄音，来判断目标的距离和形状。

马的听觉比人类要发达得多，它辨别各种强度的声音的能力令人难以置信。野马在自然界中生存的关键问题就是如何有效躲避猎食动物的袭击，而马躲避猎食动物袭击的本领就是逃跑和有限的反击。对于马来说，尽早听到危险的信号并采取及时的逃避行为无疑是非常重要的。因此马在长期进化过程中形成了非常发达的听觉，信息感知能力很强。马拥有发达的听觉是对视觉欠佳的一种生理补偿，这对马在原始环境中生存是非常必要的。

（1）马耳的组织结构

马耳位于头的最高点，耳郭大，耳肌发达，动作灵敏，旋转变动角度大，马无须改变体位和转动头部，仅靠耳郭的运动就能判断声源方向。马耳各部位分工明确：灵活的外耳负责捕捉声音的来源和方向，起到声音的定位作用；中耳负责将声音放大。内耳负责分辨声音的频率、音色及其强度。马耳尖小而直立，人们常将良马的耳朵比作“削竹”。

（2）马分辨声音的频率和音色的能力

马听觉发达的主要特征就是对声音有着非常敏锐的反应。马能辨别 1，000 次和 1，025 次振动波，即 1/8 音符左右。据报道，马可对高达 22，000 赫兹的音频做出反应。人们在实践中常常可见到出生不久的幼驹能辨认母马的轻微呼叫信息。群牧马能根据叫声寻找自己的群体并彼此传达信息。夜间放牧时，马能听到人听不到的远处的声音，并能对声音做出判断。因此，夜间寻找未归的马群最好是让你的坐骑领路。马还能根据同伴发出的不同声音进而判别其状态，如探寻、忧虑、高兴、恐惧等。马对周围其他动物的声音也能做出准确的判断，并采取或准备采取相应的应急行为。

（3）应用口令或哨音易建立马的反射行为

马发达的听觉有益于人类对其进行调教、训练和役使。例如，马能够分辨主人呼唤它的名字，当然不是它懂得名字的意义,而是它已经建立了对名字的声音反射。在调教、使役或骑乘中，可用口令或哨音建立反射行为，或教会做其他动作。对于刚刚被调教的小马来说，常用声音来建立反射行为是非常必要的。对于军马来说极为必要，如卧倒、站立、静立、注意、前进、后退、攻击等都可以用语言口令下达。

（4）马惧怕过高的声响

过高的声响或音频对马是一种逆境刺激，会使马产生痛苦的感觉。在马匹调教过程中，不需要对它“大喊大叫”，只要有轻微的口令它就会服从。一般少数民族的调教口令都很轻，或只给予口哨命令。过高的声响或音频会让马感到惊恐，如火车的汽笛声、枪炮声、锣鼓声。对于异常敏感的军马或赛马，为了减少声音对它的刺激，可以为其佩戴耳罩。

发达而敏锐的听觉对于马匹发挥作用可说利弊参半。有时候强烈的音响刺激容易使马匹处于兴奋状态，因而降低其竞技水平，甚至会发生意外。马匹饲养管理或调教人员既要高度注意和利用马的听觉，充分发挥马匹的生理功能，又要为马匹营造一个安静舒适的环境，减少不必要的音响刺激。

2. 耳朵与交流

动物的耳朵大都只用来听声音，而马是个特例，除了一般的听觉能力外，它还是个情绪表达的器官。在马的肢体语言中，耳朵的动作也最易为人察觉。

如果马的耳朵是垂直竖立的，耳根有力，只是微微摇晃，表示它的心情很好；当耳朵不停地前后摇动，表明心情欠佳，可能是在生气。马在紧张时会高高扬起头，耳朵向两旁竖立；十分恐惧时，耳朵就会不停摆动，还会从鼻子里发出响声；兴奋时，耳朵则会倒向后方。当马疲倦想休息时，耳根便显得无力，耳朵就会倒向前方或垂向两侧。另外，一般情况下马怒吼时耳朵也会向后倒，但同时会张开嘴，露出牙齿，嘴唇上翻。马在表示友好寒暄的表情与上述表情类似，不过耳朵是保持直立的。马群中，领头地位的马怒哧时，耳朵会突然向后倒，做出攻击的架势。

第五节 马的智力

1. 马的脑部结构

马的大脑与其他动物一样，分为延髓、脑桥、中脑、间脑、大脑和小脑。马的脑部大约占体重的0.1%，约为600克，此重量在家畜中亦属于中等。

2. 超群的记忆力

如前所述，马具有很好的记忆力，好奇心也较强，但理解力差。马学习和记忆的能力分为两大类；一是条件反射行为，二是后效行为。反射行为是天生的，遇到一种刺激就会做出相应反应；而后效行为则是逐渐培养出来的，因此是后天的，有意识的。反射行为是中枢神经系统对外界刺激做出的反应，只是通过中枢神经的简单神经冲动，并不是有意识的行为。神经冲动通过中枢神经系统，被无意识地记录下来。如站立、行走、跳跃及内部器官的运动等都是反射行为的表现。

马出众的记忆力就是典型的后效行为，最著名的例子莫过于成语典故“老马识途”。公元前663年的春天，齐国国君齐桓公发兵大举进攻孤竹国。冬天，胜利的齐军开始率兵回国，途中竟然误入了一处地形险恶的山谷，尝试种种办法之后，仍无法找到归国之路。齐桓公急得团团转之时，其大臣管仲献出良策，说：“可以借助老马的智慧摆脱困境。”于是他命令士兵放开几匹老马的缰绳，让它们凭记忆自由地行走，齐军则跟随老马，很快就走出了迷谷。

为什么老马能够识途呢？马除了有比较发达的嗅觉系统及听觉器官外，还有很强的记忆力。因为马的脸很长，鼻腔也很大，所以嗅觉神经细胞也较多，这样就有了比其他动物更为发达的“嗅觉雷达”。这个嗅觉雷达不仅能鉴别饲料、水质好坏，还能辨别方向，寻找道路。马的耳翼很大，耳部肌肉发达，转动相当灵活，位置又高，内耳中有一种特殊的“曲折感受器”，是用来辨别运动方向以及周围环境中物体的分布情况的。最突出的是马对气味、声音以及路途有着相当强的记忆力。有的老马，居然能在相隔数年之后，从数百公里以外回到自己阔别已久的“家乡”。

第六节 马的肢体语言

马跟人一样，是一种感情丰富的动物，也有喜、怒、哀、乐、紧张、恐惧、舒适、信任、怀疑、好奇、顽皮等各种感觉与情绪，这些感觉与情绪通过它的表情、肢体语言与声音尽情展现。

鼻：鼻孔张开表示兴奋，抑或恐惧；打响鼻则表示不耐烦、不安或不满。

口：上嘴唇向上翻起，表示极度兴奋；口齿空嚼表示谦卑、臣服。

眼：眼睁大且瞪圆，表示愤怒；露出眼白表示紧张恐惧，眼微闭表示倦怠。

颈：颈向内弓起，肌肉绷紧，表示展现力量或示威；颈上下左右来回摇摆，表示无可奈何。

四肢：前肢高举，扒踏物品或前肢轮换撞地，表示着急；后肢抬起，踢碰自己的肚皮，若不是驱赶蚊虫，则提示患腹痛。

尾：尾高举表示精神振奋，精力充沛；尾夹紧表示畏缩害怕或软弱；无蚊虫叮咬却频频甩动尾巴，表示情绪不满。

此外，打滚一两次是放松身体，反复多次打滚必有腹痛疾病；跳起空踢、直立表示意气风发；马的嘶鸣声有长短、急缓之分，分别具有呼唤朋友、表示危险、渴求饮食等众多含义。

马通常很安静，不会经常鸣叫。当马发出声音时，一定伴随有某种情绪。

受惊吓或受伤的马会长鸣；公马与母马调情时也会长鸣；痛苦的时候会嘶吼；喷气是因为不安或兴奋；低鸣是种友善的声音；咕噜声、叹气声、吹气声等都可能是与人或另一匹马沟通的声音。

马对反感的事物会做出几种反应：一是示威，马耳向后背，目光炯炯，上脸收缩，高举颈项，点头吹气。二是愤怒地后踢，有时还会出现撕咬对方的行为。马有欲望和急躁的表情是站立不安，前肢刨地，有时甚至是两个前肢交替刨地。

第七节　马的群体生活

生活在野外的马匹，喜群居，互相照应，让彼此觉得更有安全感。马群组织总是和一定的交配形式相联系的。最原始的马群通常都有亲缘关系。马是集合小群，相互依恋，共同生活。一匹公马带一些母马而组成小群体，多个小集体又组合成大群体。开始时有争斗发生，但一旦小群体固定后，又会相安无事。母马离群，公马会嘶叫直到找回母马。

豢养的马匹，通常一匹马住一个马厩，但是它们非常需要伙伴。有经验的牧场主会在马场内养一些其他的动物，如狗、山羊、驴等，它们也可以成为马的伙伴。国有国法，家有家规，在马的社会群体中也有其特定的“规矩”。马群中等级意识非常强。在野外生活的马群中会分为几个不同的等级。通常一个群体中只有一匹占主导地位的公马，数匹成年母马，数匹未成年的马。两匹公马争夺首领地位，或是新来的公马要挑战首领，多数会通过争斗来解决。马驹在一起，也常常会互相追逐、踢、咬，但这并不是真正的打架，而是嬉戏玩乐。从玩乐中学习沟通与相处的技巧，这对小马的成长是非常重要的。无论是野外生活的还是豢养的马群，群体中都会有“三六九等”之分，甚至马与马之间也会“钩心斗角”。

马的争雄

第八节 马群中的不同角色

公马在马群中享有高级别的特权，同时也承担着高强度的工作任务。公马除了充当“皇帝”之外，还要扮演“卫兵”的角色。当马群进食、休息时，公马会自觉地围绕群体边缘巡逻，守护群体中的每一个成员，洞察周围的环境。当有凶猛动物接近时，公马会率先警觉并发出警告信号，带领马群逃命；当马群受到袭击且无法逃避时，公马通常会奋力与猛兽拼杀以保护家人的安全；当有其他公马出现在马群周围肆意骚扰时，为保证享有妻妾们的专属问题不致遭到破坏，公马会千方百计地将其撵走，可能仅是恐吓，也可能会发生激烈打斗。因此，领头的公马必须体格强健、精力充沛。然而，公马一旦年老体衰，就会被外来的公马或自己马群中年青的公马斗败，失去领导地位，进而被赶出马群，它的“皇帝”生活由此而告终结。

马群的伦理观念很强，它决不允许女儿长期留在马群里，当小母马成年后，会被“父亲”驱逐出群体。这种独有的习性有利于马群的优生优育，有效地防止了近亲繁殖导致的种群退化。因此，虽然马群中的母马数量最多，但都为领头马的妻妾。有时母马也会因争风吃醋而发生打斗。

小马在马群中的地位随着成长而不断发生变化。马驹自出生后学会站立、行走就紧随其母亲身边，不离左右。即使参加群体的各项活动也与母亲相依相偎，共同参加。但随着年龄的增长，马驹也有离开母亲的一天。虽然马驹极不情愿，但势在必行。当然，马驹最初离开的时候会提心吊胆，甚至局促不安，但不久就会变得胆大起来，离开母亲独自去活动，寻找一片新的自由天地。小马离开母亲的时间存在性别差异，小马从四月龄到五月龄，玩耍的对象也表现出性别差异。

如果小母马不是领头马的后代，当它渐渐长大后可能成为领头公马的妻妾，留在马群中继续生活。然而小公马就不同了，小公马长大后，由于性成熟而产生对群内母马的兴趣，当领头公马发现这种情形出现时，就会严厉地将他们驱逐出马群，小公马的幸福生活也就自被赶走那天结束了。

这些被赶出来的游离的小公马们会在旷野中“流浪”一阵子，它们中的某些会结成一个小小“光棍儿团”四处游荡，寻找机会占领别的马群。终有一天，它们会遇到一个由年老公马带领的马群，经过搏斗，最强势的年青公马就会将年老公马取而代之，成为马群的新领袖。

在人为放牧之后，骟马成为马群中的新成员。骟马在马群中的地位最低，也最不受欢迎。公马在完全制服骟马之后可以允许骟马在群体中留下来，但绝不会给它“好脸色”。由于人为因素，在豢养的马群中也可能出现骟马或成年母马称王的情况，但为数极少。

第四章 ○○○○○ 马的牙齿

第一节 马的牙齿的构造

马的牙齿共40颗，分为臼齿、犬齿和切齿。臼齿上下颌各12颗，生长在口腔的后部。犬齿上下颌各2颗，公马犬齿大而发达，母马犬齿不发达，仅从齿龈黏膜部露出一点。对于青年马来说，所有的切齿与前三个臼齿都是不定齿，而上、下颌后部的臼齿与犬齿却是恒齿。切齿排列在最前面，上下颌各6枚。中间的一对叫作门齿，门齿两侧的一对叫作中齿，最外边的一对叫作隅齿。

按存在时间的长短分，马的牙齿还可以分为乳齿和恒齿，幼驹通常在出生后1～2周开始生出乳齿，至两岁半时乳门齿逐渐被长出的永久门齿顶落。三岁半时，乳中齿脱落，永久中齿出现。四岁半时，乳隅齿脱落，永久隅齿出现。马长至五岁时切齿全部换完，俗称齐口。

不长牙齿的地方是马的切齿或犬齿

和前臼齿之间（齿槽间缘），人们在这个部位拴上马嚼子，可以随意地控制马，这点明显区别于其他家畜，是一种非常细微的操作。

第二节 马的牙齿与年龄

马的年龄一般不按其实际出生日期算，而统一从5月1日开始计算（纯血马从1月1日开始计算），其寿命平均为30岁，甚至更长。马的寿命的长短更多地取决于马一生所付出的辛劳以及人类给予的照料与呵护。

根据马的切齿被磨损的规律可以判定十岁以内马的年龄，且准确率较高。从理论上讲臼齿也可以作为判定依据，但由于不便观察而很少采用。马在十二岁后，饲喂差异会导致个体间牙齿外形相差悬殊，此时仅凭观察牙口来估算年龄几乎不太可能。

另外，不同年龄牙齿结构发育情况差异也很大，一般分为四个阶段。通常人们通过牙齿发育的特征来判断马的年龄。

第一阶段 从出生到九月龄阶段

上颌齿早于下颌齿长出。刚出生的小马驹仅上颌中央有两颗较大的乳门齿，有的甚至没有，不过上、下门齿在一个月之内就陆续长完全了。一月龄时，上、下颌的四个门齿开始逐渐对齐，而中切齿开始长出。三月龄时，中切齿继续生长、变大。到了九月龄，门齿与中切齿基本上已经对齐，隅齿出现。同时，上、下颌的前三个臼齿也逐渐长出。

第二阶段 一岁到退役阶段

一岁时所有的乳齿明晰可辩，门齿与中切齿之间的咬合得更为紧密，此时上、下中切齿仍未对齐。此时，门齿的咀嚼面开始出现磨损的迹象。门齿与中切齿齿冠靠近唇的一侧，齿星仅为一条黑线。

马在两岁半左右时，乳门齿已被永久门齿替换，但上下门齿尚未对齐。中切齿的齿冠磨损更为显著，且咀嚼面逐渐变得光滑。此时隅齿也已出现磨损的痕迹。

马到五岁时，不定齿基本被永久齿

全部替换，换牙过程至此全部结束，同时，犬齿也正长出。这时，所有牙齿都已出现磨损，尽管门齿与中切齿磨损明显，但咀嚼面上的齿冠黑窝仍然存在，且完全被珐琅质包围。隅齿磨损此时也逐渐变得明显起来。

十岁时，马的上、下颌与牙齿已经变斜，下颌门齿与中切齿的咀嚼面也逐渐从原来的半圆形变为三角形。齿星已经较为明显，齿冠黑窝消失。此时，上颌隅齿表面出现褐色的小纵沟，这在马的年龄判定中是一个很有价值的特征。

十五岁时，上颌隅齿表面褐色纵沟加长延伸到半个牙齿的长度。下颌所有切齿的咀嚼面均成为三角状，所有切齿中央的齿星将更为明显。

到二十岁时，齿面三角化特征更为突出，上颌隅齿表面褐色纵沟贯通至整个牙齿的长度。这时的马已到退役年龄，所有切齿的咀嚼面都已成三角状，且每个牙齿面中央都有一个圆形齿星，牙齿间隙逐渐变大，下颌齿磨损几乎快接近牙床。马牙齿保护的是否完好，对其健康有着举足轻重的影响。因而，要想延缓牙齿的磨损进程，饲料的适口性与品质等因素都应加以考虑 。

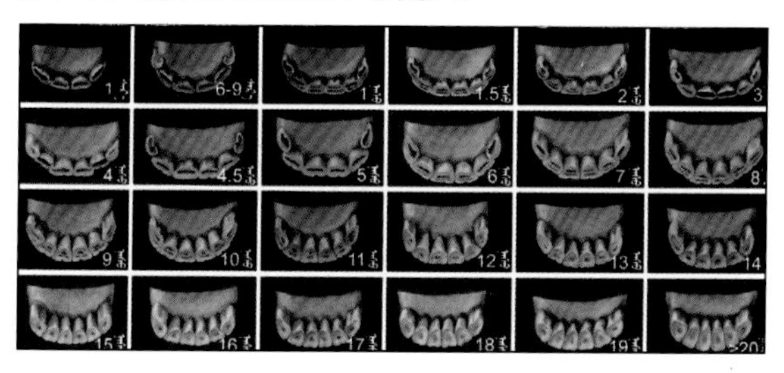

马的牙齿与年龄的关系示意图

第三节 马的牙齿的常见问题

马上颚牙齿的排列幅度较宽，下颚牙齿较窄。因为牙齿在生长的同时不断地被磨损，所以上颚臼齿外侧变得很锋利，而下颚臼齿则是内侧锋利。

牙齿锋利的部分容易咬伤脸颊或舌头等口腔的内部，如果牙齿的咬合不够好，就可能出现食欲减退的现象。马一旦出现这种情况，就必须进行削齿，即把上下牙齿锋利的部分削去。

马的面部较长，也有所谓的龅牙和兜齿，这是由于颚骨异常发达而形成的，具有较强的遗传性。龅牙和兜齿均是由于先天下颚短小而造成，无论出现哪种情况，都会给采食带来很多不便。有些马有吞食空气的怪癖，它们经常会将上颚的切齿支在马圈的栅棒上吸入空气，因此某些切齿就停止生长。人们也曾尝试过矫正，但各种矫正方法都是在幼年时进行的，且有损于马匹健康，因未能达到预期效果而停止使用。

马也有龋齿，也存在着与人类齿槽脓漏相似的齿槽骨膜炎、龋齿，伴随有口臭，咀嚼饲草时只能使用单面健康牙齿。由于这两种牙病主要发生在臼齿上，所以治疗起来非常困难。马的牙齿是不断生长的，且是相对生长，如果拔掉生病的牙齿，与其相对的牙齿（上下方向）就会过度生长。另外，牙根深深长在颚骨中，拔取臼齿相当困难。基于这些原因，如果对采食没有影响，即便是龋齿也只能不做处理；如果对进食产生严重障碍或危害时，就必须将其拔掉。拔牙后要对其进行彻底的消毒，并采取一定的措施使其完全修复。

第五章 马的消化系统

马的消化系统由口腔、咽、食管、肝、胃、胰、肠等组成。

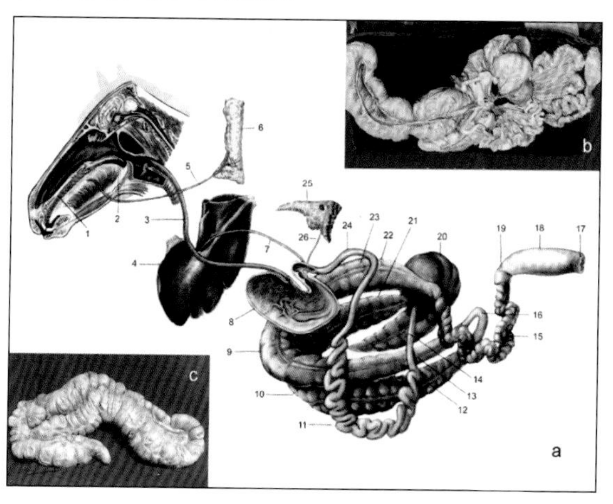

马的消化系统

1. 口腔 2. 咽 3. 食管 4. 肝 5. 腮腺管 6. 腮腺 7. 肝管 8. 胃 9. 膈曲 10. 胸骨曲 11. 空肠 12. 左下大结肠 13. 左上大结肠 14. 回肠 15. 小结肠 16. 骨盆曲 17. 肛门 18. 直肠 19. 直肠狭窄部 20. 盲肠 21. 右下大结肠 22. 胃状膨大区 23. 右上大结肠 24. 十二指肠 25. 胰 26. 胰管

1. 口腔与味觉

马的口腔分为唇和颊、硬腭和软腭、舌、齿、唾液腺和喉囊。马一天中采集食物的时间很长，首先经过嗅觉初步判定饲草料外，然后由味觉来决定摄入食物的速度和多少。因此，味觉是马的重要的感觉器官，马依靠味觉进行咀嚼性探究活动。马的口腔和舌分布有味觉感受器，即味蕾，这些味蕾多集中于轮廓状乳突、蕈状乳突和叶状乳突之中。

马对味觉的感受并不十分灵敏，因此，马采集食物的范围很广，能适应多种饲料，有的甚至是比较粗糙、适口性很差的饲料。饲料范围广也是马适应能力强的一个主要特征。即便如此，给予马匹优质、可口的饲料仍是有必要的。

马虽然采食的范围广，但对食物的味道还是有偏好的。马对苦味不敏感，对甜味和酸味的反应较为强烈。马喜甜味而拒酸味，带有甜味的饲料，如胡萝卜、青玉米、苜蓿草、糖浆等都是其最喜爱食用的，这些饲料都可以作为食物诱饵或调教中的酬赏，以强化某些行为动作。带酸味的饲料需经一个适应过程才会逐渐被马接受。

马在长期饥饿或缺少精料的情况下，突然大量补饲精料和优质牧草，它常会摄入超过胃正常容量的食物，这些食物在消化液的作用下很快膨胀或产气，导致急性胃扩张，危及生命。马的饲料一般都是含有纤维素较多的粗饲料（青干草等），即便是谷物也经常采用纤维素含量高的，这会给胃壁适当的压迫，易于产生饱腹感，防止马过量进食。

2. 消化过程

仔细观察马在牧场中的采食行为，可发现马的采食方式与牛不同。牛是用长长的舌头把牧草卷入口中，而马是用上下嘴唇一张一合来寻找应该要吃的草。这种选择饲草的方式是受视觉、嗅觉，甚至鼻毛触觉的驱使，马经过非常谨慎的判断之后才用切齿切断饲草，用臼齿咀嚼磨碎，同时混合大量唾液咽下。依马的食欲、饲料的适口性和调制的程度不同，咀嚼次数也会不同。据观察，一般壮年马吃混合饲料每分钟咀嚼 70 次左右，白天放牧时一天咀嚼的次数可达 8 万次，所以它的咀嚼肌非常发达。马的口裂较小，每次采食饲料约 50 ~ 100 克，因此每天采食的时间较长。

马饮水时，用吸吮动作，使口腔负

压增加，将水吸入口腔。每口饮水量约150 ~ 200毫升，并依其体重大小、水温、水质和口渴程度而有所不同。

口腔咀嚼后的饲料，经咽、食道进入胃，马食道的肌肉部分为受意志控制的横纹肌，可以自由吞吐。中间部位由横纹肌变为不受意志调控的平滑肌，该部位的食物不能逆行，经过食道的食物到达胃的入口——贲门。马的贲门是由狭而厚的括约肌组成，具有很好的封闭作用，食物一旦进入其中，很难逆流。牛或羊能够通过反刍把吞入胃的食物返回口中再次咀嚼，马却不能。马胃容积小，贲门紧缩，而幽门通畅，所以食物在胃内能够较快地通过，食团在胃运动和胃液的共同作用下形成食糜，在胃内停留时间很短。如果食物在胃中不能充分消化，一旦吃得过多，就容易引发胃扩张的腹痛病，甚至还可能发生胃破裂。马因特有的消化器官也易发生特有的消化障碍。马在进食4小时后，胃内容物会全部转移到肠道，最初到达十二指肠。马的十二指肠约1米长，按长度讲，这个部位应被称为“五十指肠”了。与十二指肠连接的依次为空肠和回肠。马的肠道长，容积大，比牛的约大一倍，但只有其中的小肠才具有消化和吸收的功能。食物经由长长的小肠逐渐到达盲肠，盲肠的长度大约是1米，容积却为30升，其功能与反刍动物的瘤胃相似，对消化起着重要的作用。食糜中易消化的物质，被小肠吸收，未被消化的物质，特别是纤维素被送入大肠。马的盲肠中含有大量微生物，便于分解粗纤维。这些微生物最初并不是生活在肠内，而是在小马出生后两周左右从母马的新鲜粪便中逐渐吃进去的，这是小马体内有益微生物逐渐吸收的过程。马的消化系统不分泌纤维素酶，这些微生物的存在对于草食性动物的马来说是必不可少的。由盲肠消化吸收的粗纤维，可占食物中纤维量的一半。经盲肠和大结肠的消化吸收后，剩余残渣形成粪球，排出体外。此外，马没有胆囊，虽然肝脏能分泌胆汁，但没有短暂贮存胆汁的组织。

马在消化吸收的过程中，分泌大量

的消化液，一天的分泌量约70~80升。为了增强马的消化能力，必须给予充足的水，以维持正常水代谢。消化液的分泌量除与饲料种类及其品质有关外，食料中含有一定量的盐分也有利于消化液的分泌。

第六章 马的心血管系统

第一节 心脏

马的心脏呈倒圆锥形，为中空肌质器官。位于胸纵隔内，左、右两肺之间，略偏左（约 3/5）。在左侧肩关节水平线下 3~6 肋之间，与右侧 3~4 肋间隙相对。上部为心基，起止于心脏的大血管，下部为心尖，位于最后胸骨的背侧。凸缘向前，后缘短而直。心表面有冠状沟、锥旁室间沟（左纵沟）、窦下室间沟（右纵沟）和一条副纵沟。冠状沟相当于心房和心室的外表分界，上部为心房，下部为心室。左纵沟位于心脏的左前方，右纵沟位于心脏的右后方，直达心尖。副纵沟位于心脏的后面，两室间沟相当于左、右心室的分界。

马的心脏比人的头还稍大一些，重量为 400~500 克，占体重的 1% 以上。马的心脏在锻炼过程中逐渐增大，机能增强。心脏体积越大，输送的血量越多，越有利于氧气的输送，极大地增强了运动能力。这种能力在运动过程中，会通过多重组织发挥出来。澳大利亚历史上最伟大的赛马——法莱泊，是世界上心脏最重的马，其心脏重达 6 公斤。法莱泊在二十世纪二三十年代闻名天下，在世界各种大赛中屡屡夺冠，这与它的“超级心脏”有着密不可分的关系。

德国研究学者利用电磁波记录装置来测定比赛过程中赛马的心率。在开始检测时，心率已有一定程度的上升，随后会急剧上升，20 秒后达到峰值。与人相比，马的心率具有快速上升的特点，这主要受神经的影响，在自主神经的支配下，通过关节运动产生机械反射。

赛马的最高心率为 220~240 次 / 分钟，这是心率的临界点。因受血液黏性的影响，心脏的泵功能不但不会增加，相反还会下降，所以心率不会再增加。即便是在这种情况下心率也比不运动时的 30~35 次 / 分钟提高了 6~8 倍。由于运动时心率会不断增加，且随着运动的加强，心率会不断上升，但这个数值一般是有界限的，即使心率达到临界还是能够在短时间内加强运动，但仅限于极短的时间内。

此外，心脏还是能量产生的动力。运动产生能量的过程中，心脏犹如“发电站”，运动的动力来源于肌肉中消耗的能量，所以称马的心脏为“变电所”更为准确。肌肉称为“发动机”，肌肉运动能够直接利用的能量是肌肉中不断分解产生的 ATP，ATP 在运动过程中，由贮存在肌肉中的糖原不断分解得到补给。在一段时间的持续运动后，经过乳糖或葡萄糖的无氧氧化，以及 TCA 的循环代谢，最终产生二氧化碳和水，同时放出能量，生成 ATP。

第二节 血液

心脏的作用如同“泵”，使血液流出或流入。血液在流经小肠时，其中的养分被吸收利用，经血液循环将肺脏中吸收的氧气运送到身体的各个器官，同时将代谢过程中产生的废弃物、CO_2 通过肾脏或肺脏不断地排出体外。流出心脏的血液称为动脉血，富含氧气和各种养分。动脉血逐渐分支成为小的血管，最终流入遍布各组织间如同细网一样的毛细血管中。

含有 CO_2 和废弃物的血液进入毛细血管后，渐渐汇集到较粗的血管，流入心脏的血液称为静脉血。静脉血中回收的 CO_2 在肺中与 O_2 进行交换，最终废弃物被肝脏和肾脏处理，同时又给机体供应新的营养。血液中除了含有防止其他细菌侵入的白细胞、抗体外，还含有担负着运输功能的各种激素。对赛马来说，直接影响其速度的因素主要是氧的运送能力。

氧的输送在马的运动过程中至关重要，每个心动周期输出的血量称为“一次排出量”，每分钟血液的排出量称之为“心排出量”。运动时心排出量会增加，血液中红细胞数量随之增加，血液中的红细胞是运输氧气的载体。运输氧气的能力也逐渐加强。人体 1 毫升血液中大约含有 450 ～ 500 万个红细胞，赛马在不运动时 1 毫升的血液中含有 800 ~ 1000 万个红细胞，大约相当于人的两倍，脾脏中的血液也含有大量的红细胞。运动时流经循环血液的红细胞浓度大约是安静时的 1.5 倍以上。

分析马的血液成分时一般多采用静脉血，静脉血液被放静置片刻就会自然分层，比重大的血球沉积在下层，留在上层的称为血浆。

正常纯血马血液中，血球成分大约占 40% ~ 50%，其主要成分为红细胞，其作用是将肺中吸收的 O_2 输送到身体的各个器官。不同组织利用 O_2“燃烧”（分解）糖和脂肪而产生能量，可见红细胞对于以快速运动为使命的纯血马来讲起着极其重要的作用。运动需提供大量的 O_2，心脏泵血作用随之加强，红细胞的运送速度也逐渐提高，以保证提供充足的 O_2。

第三节　心血管系统中的其他重要组织

马的血液中，单位体积所含的红细

胞数量较多，但体积较小，总表面积一般会增加25%，使之在肺和各个组织间更易于交换大量的O_2。马的红细胞寿命大约是140 ~ 150天，运动时为了使黏稠的血液在血管内能快速流动，红细胞之间相互碰撞，因此整个血液中将会有1/1000的红细胞被破坏，这种现象称为“溶血”，衰老或抵抗力较弱的红细胞容易被破坏。奔跑的马儿想全部保持完整、健康的红细胞较为困难。如果仅从红细胞的功能来讲，拥有健康、年轻的红细胞，才会令机体充满活力。

马的血液中除红细胞外，还有血小板。当血管损伤时，血小板开始“粉墨登场”，发挥其止血的作用，这是通常上的理解。事实上，血管未受损伤时血小板也会产生作用，特别是红细胞发生碰撞时，大量的血小板发生止血作用，从而在很大程度上减少红细胞被破坏所带来的损失。血小板在血管内发挥凝血的作用时，意味着血液的固化过程。血液凝固的最终结果是形成纤维蛋白，如同编织网一样，其上附着着红细胞，运动时血液中的纤维蛋白将被溶解，形成大量的降解产物。在此过程中，纤维蛋白的前体纤维蛋白原逐渐减少，血液黏性降低，有利于马在剧烈运动时血液的流动。

赛马只有处于最佳生理状态，才能全力以赴参加比赛。制定一套科学合理的评定马匹运动状态的指标，非常便于赛马运动日程的安排。目前的方法是测量马匹体重或检测红细胞的沉降速度以及白细胞中嗜酸性细胞的数量，由此推断马匹的运动状态。将其大致分为三种：未达到充分运动的状态、完全准备好的最佳状态以及疲劳时的状态。这样人们就能够在比赛前准确地判断出马匹的生理状况。

运动能增加肌肉中毛细血管的数量，易于 CO_2 的代谢，产生大量的能量。经常运动的马匹，毛细血管数目较多，全身血管容量较大，血流量也多。相反，马在不运动时，能量需求低，不像运动时需大量的血液循环，此时只需要一个高效率的血液贮藏库。脾脏具有贮藏血液的功能，马的脾脏的重量可以根据体重进行推测，大概是公牛脾脏的两倍。通常流经脾脏的血液含红细胞的比例较高，是其他组织血液中的两倍。运动时富含红细胞的血液大部分进入循环系统，可使运动时马匹血液中的红细胞浓度增加 5% 以上。

第七章 ○○○○○
马的四肢

马现在的体形是数千年进化的结果。观察我们比较熟悉的狗、猫以及鹿、熊、牛、狸等用四条腿走路的动物，不难发现其肢体的结构与其行走的方式、行走的速度密切相关。哺乳动物的行走方式分三类：趾行、蹄行、跖行。趾行动物如狗、猫等，它们只用脚趾站立，脚后跟不与地面接触，能够较快地行走。蹄行动物如马、鹿等有蹄类动物，只用脚趾甲，即蹄子站立，也能够快速行走。跖行动物如熊、狸等，整个脚心与地面接触，行走速度比较缓慢。

原始马接近于趾行动物，所以现代马的进化并不是按照我们想象的形式进行。马作为蹄形动物的代表，尤其是以奔跑为目的的英纯血马，其肢体结构及机能具有怎样的特点呢？

第一节 马的四肢的进化

现代马是用中趾的趾甲即蹄子站立或奔跑的，这是数千年来进化的结果。始新世初期生存的始新马，具有四个脚趾，步行方式为跖行型；进入渐新世时期，进化为具有三个脚趾的渐新马，此时的步行方式还属于跖行型；进入中新世时期，进化为中新马，三个脚趾中的内外两根逐渐变短，虽然还是三个脚趾，但在脚跟处缩小成为肉球，开始进入蹄行型阶段；进入上新世时期，进化为上新马，蹄行型只用一根脚趾走路；进入更新时期之后，蹄子变得更加发达，是蹄行型的成熟阶段，之后逐渐缩小为肉球，成为存留至今的蹄球或蹄叉。

马前肢的结构即从肩胛骨到指尖（末节骨），可能与人手结构相对应。马从肩胛骨到上腕骨与躯干紧密相连，从肘端开始与躯干分离。

人的前腕是由桡骨和尺骨组成，而马前腕的结构不以桡骨为主体，且尺骨已经部分退化，其顶端作为肘突保留了下来，与桡骨一起构成前膝的一部分。前膝是由七块骨骼组成，相当于人的腕关节。与其相连的是巨大的第三掌骨，也称为管骨。第二掌骨和第四掌骨已经退化成为副管骨，第一掌骨与第五掌骨已经完全退化。

第三掌骨与指骨（相当于人的中指）的连接形成关节，它对马起着非常重要的作用。球节就是附着其后的种子骨。指骨同人的手指一样也是由三块骨头（系骨、冠骨、蹄骨）组成，最前端的末节骨称为蹄骨，向中心紧密收拢。

后肢的结构可与人的腿相对应。与股骨紧密相连的是膝关节，人对应的称为膝盖骨，与其相连的是胫腓骨，腓骨与前肢的尺骨相似，逐渐退化变细且紧贴在胫骨之上。

马的附关节也称为“飞节”，呈现出弯曲的结构。飞节以下是与前肢完全相同的结构，只有第三趾，中趾大而发达。

马拥有如此的肢体骨骼结构，适于快速奔跑。由于只是蹄子与地面接触，因此摩擦很小，没有阻力且对产生推动力具有重要作用。长的掌骨和中足骨能使其有较大的步幅，短小的上腕和躯干的中心集中大量的屈筋、伸筋，在四肢反复拉伸的同时，也能发挥出巨大的弹力，这种结构为大幅的快速奔跑提供了非常必要的条件。

第二节 前后肢的不同作用

人的手作为一种工具，可以用来写字、绘画等，发挥着各种各样的作用。脚的作用与之相差甚远，用来支撑体重、行走、奔跑。手和脚各自的分工非常清楚。而用四肢行走的马，前后肢的功能有怎样的区分呢？

马的行走方式与前后肢的肢体结构密切相关，前后肢功能的区分也非常清晰，这种现象在实际观看赛马或观看赛后的照片时，就会更加明了。前肢是从马的鼻尖到马臀部接近中央的位置，与地面接触的同时还支撑着体重，以其为支点身体向前方抬起。另外，当马着地的同时，球节开始弯曲，其最大的弯曲角度可达到 90° 以上。在缓和与地面接触的同时，也能起到支撑体重的作用。另外，前肢还担负着掌舵的任务。与此相反，后肢的作用是使身体下沉。由于臀部肌肉有很强的收缩力，所以能把马的身体向前方弹出。这说明马的前肢有支撑体重的作用，后肢具有推进的机能。前后肢的关系正好像撑竿跳一样，前肢相当于撑竿，但不起提升身体的作用，利用弹力、跳跃力和后肢的推力进行快速奔跑。

马的前后肢蹄子的形状也有明显的差异，前肢的蹄子近圆形，较大，适合支撑体重，后肢的蹄子，前端较尖，呈卵圆形，能与地面很好的咬合，从而产生推进力。

第三节 马蹄的构造

人们经常会用兔子来形容跑得快，成语“动如脱兔”说的就是这种速度。纯血马的速度与兔子相近，大约为20m/s。马之所以能有这么快的速度，原因之一就是它的四肢。它具有羚羊般细而优美的蹄子。那么马蹄的结构又是怎样的呢？就让我们来认识一下。

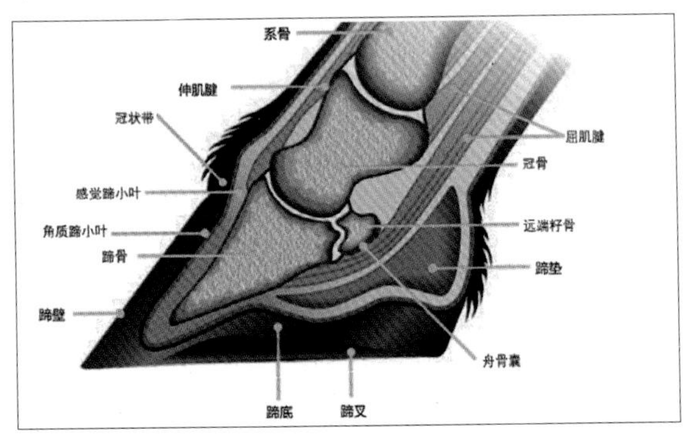

马蹄的结构

马蹄由蹄匣和肉蹄两部分组成。

蹄匣是蹄的角质层，由蹄壁、蹄底和蹄叉组成。

蹄壁构成蹄匣的背侧壁和两侧壁。蹄壁可分为三部分，前为蹄尖壁，两侧为蹄侧壁，后为蹄踵壁。蹄壁的后端向蹄底转折形成蹄支，并向蹄底伸延而逐渐消失。其转折部形成的角叫蹄踵角。蹄壁由釉层、冠状层和小叶层构成。釉层位于蹄壁的最表层，由角化的扁平细胞构成，幼畜较明显，随着年龄增长而逐渐剥落不完整。冠状层是角质层中最厚的一层，富有弹性和韧性，有保护体内组织和负重的作用。冠状层由很多纵行排列的角质小管和管间角质构成。角质中有色素，故蹄壁颜色暗黑，内层的角质缺乏色素，比较柔软，直接与小叶结合。小叶层是蹄壁的最内层，由许多纵行排列的角小叶构成，角小叶没有色素，也比较柔软，与肉蹄的肉小叶紧密嵌和，使蹄壁角质与肉蹄牢固结合。蹄壁的下缘直接与地面接触的部分，叫蹄底缘，是负担体重的部分。蹄壁的近侧缘称为蹄冠，内面呈沟状，称蹄冠沟。沟内有许多小孔，为冠状层角质小管的开口。蹄冠与皮肤相连续的部分，称为蹄缘。蹄缘柔软而有弹性，可减少蹄壁对皮肤的压力。

蹄底是蹄向着地面略凹陷的部分，位于蹄底缘与蹄叉之间，是蹄的支持面，蹄底内面有许多小孔，以容纳肉底的乳头。

蹄叉由指（趾）枕的表皮形成，呈楔形，位于蹄底的后方，角质层较厚，富有弹性。前端伸入蹄底中央，叫蹄叉尖。蹄叉底面形成蹄叉中沟，两侧与蹄支形成蹄叉侧沟。

蹄白线位于蹄壁底缘，由蹄壁冠状层的内层与角小叶及填充于角小叶间的叶间质构成，呈环形，色较淡，角质较软，是装蹄时下钉的标志。

肉蹄位于蹄匣的内面，由真皮及皮下组织构成，富有血管和神经，呈鲜红色，供应表皮营养，并有感觉作用。肉蹄形态与蹄匣相似，也可分为肉壁、肉底和肉叉三部分。肉壁仅为真皮构成。直接与蹄骨骨膜紧密结合。表面有很多纵行排列的肉小叶，与蹄壁角小叶相嵌和。肉壁的上缘呈环状隆起的部分，称为肉冠，位于蹄冠沟内，由真皮和皮下组织构成，表面有很多稠密而细长的小乳头，伸入蹄冠沟的小孔中。肉冠有丰富的血管和神经末梢，感觉敏锐。肉冠与皮肤相连续的部分，称为肉缘，由真皮和皮下组织构成，表面有细小的乳头，与蹄匣的蹄缘密贴。肉底由真皮构成，位于蹄骨底面，直接与骨膜紧密结合。肉底表面有密集的小乳头，伸入蹄底的角质小管中。肉枕由指（趾）枕的真皮和皮下组织形成，表面具有发达的乳头，伸入蹄叉的角质小管中，皮下组织非常发达，具有丰富的胶原纤维、弹性纤维和脂肪组织，是蹄的弹力装置，可减轻地面对蹄部的反冲作用。蹄软骨为不正形软骨板，内外侧各一块，位于蹄骨与肉枕两侧的后上方。蹄软骨弹性较强，与肉枕共同构成指（趾）端的弹力结构，起到缓冲的作用，能防止或减轻骨和韧带的损伤。

第四节 夜眼的功能

夜眼由于形似于蝉而得名为附蝉，夜眼长于马腿内侧。关于它的由来，有两种说法，其一为马在关节处受过伤后而形成的，其二是马即使在黑夜之中，也能看到前面很远的地方，所以称为夜眼。也有人把夜眼称为夜间的雷达。

夜眼是长在前肢前腕内侧和后脚飞节处的角质化组织。前肢夜眼长度大约为 55 毫米，后肢的大约为 41 毫米，下端略有加宽，呈蝉头的形状。夜眼的形状、大小和表面的花纹与人的指纹类似，每匹马都各不相同，可利用它做个体鉴别。用照相机按实物的大小，把它拍摄下来，可做成一种鉴别马的卡片，在卡片上记录夜眼的大小、形状和面积等。

关于夜眼的形成，有人说是第一个脚趾的指甲退化而形成的，但一般都认为，原始马在跖行时期，是跖退化的产物。在驴、斑马以及小型骡子的四肢上已经看不到夜眼了，这也许是家用马与它们进化过程不属同一个系统的原因吧！

第五节 马的步法

研究马体运动的规律，首先要知道马体的重心的改变规律。马静止站立时，重心位于肩端水平线与剑状软骨后缘所引垂线交叉点上的马体的正中。马匹驻立时，前肢较后肢负重多，前肢负重约占总体重的 4/7。

随着运动，马的重心也会发生位置迁移。马匹起动时，首先头颈低垂，通过颈部及前后肢肌肉的收缩活动，使重心前移，当重心移至前肢支持面以外时，为防止跌倒，前肢必须迅速前移，使重心再回到前肢支持面以内，保持平衡，如此不断破坏和恢复重心的平衡，就形成了前进运动。

重心位置的高低及其在运动中变化的范围，对马匹运动和能力的发挥有很大关系。按马的体型来讲，躯干短狭而四肢高长的乘用马，其重心较高，支持面狭小，因而在运动中便于体躯转移；同时在快速运动中，因重心上下和侧方移动的范围小，有利于速度的发挥，不易疲劳。反之，躯体长宽而四肢短的重挽马，则重心较低，支持面较大，因而重心的稳定性亦大，有利于挽力的发挥，但速度慢。

马的步法可分为天然步法和人工步法两大类。天然步法是先天的，不教自会的步法，如慢步、快步、跑步等；人工步法是由人工调教而获得的，必须经过训练，才能学会这些步法，如特慢快步、狐式快步、单蹄快步、横斜步等。

马在走慢步时，有三肢支持，一肢

伸步，支持面为变换的三角形；快步时，两肢支持，两肢伸步，支持面为一直线；跑步时，以一肢或两肢支持躯体；袭步时，三肢腾空，仅有一肢支持躯体，速度最快，我们称这一系列马匹的运步的方法为马的步法。天然步法中四肢运步的方式如下表：

序号	步法	四肢落地时间顺序
1	慢步	左后—左前—右后—右前
2	快步	（左后/右前）—（右后/左前）
3	跑步和袭步	右后—（左后/右前）— 左前
		左后—（右后/左前）— 右前
4	对侧步	（右后/右前）—（左后/左前）
5	破对侧步	左后—左前—右后—右前

马的四肢在不同步法中的落地时间顺序总汇

第八章 ○○○○○
马的肌肉

哺乳动物中跑得最快的动物是豹子，但它在奔跑时如同波浪一样反复伸缩着背，所以很快就会感到疲劳。而马在奔跑时是以一种非常平稳而又优美的姿态进行，因而能跑得又快又远，持续时间又长。

马快速奔跑的原动力为肌肉，所有的运动都是由骨骼以及附着在骨骼上的肌肉共同完成的，了解骨骼结构和肌肉功能，对初识马的人很重要，即便是对相马专家来说也意义重大。

第一节 肌肉结构

在显微镜下观察，马的肌肉是由大量的肌纤维组成，而肌纤维又是由肌原纤维组成。根据肌纤收缩速度的不同，把肌肉可分为两种，即易疲劳的快肌纤维和耐疲劳的慢肌纤维。慢肌纤维是因为收缩速度缓慢而具备抗疲劳的特性。快肌纤维与慢肌纤维的分配比例因个体不同而存在一定差异。该比例与马的奔跑能力有直接关系，快肌纤维越多，就越具备速跑的能力。纯血马的肌肉中快肌纤维所占比例为 87%，慢肌纤维占 13%。

过去，相马师通过赛马的外形来判断赛马的奔跑能力，之后研究人员在此方面也做了许多尝试，即研究赛马的奔跑性能与其骨骼肌肉附着形态的关系。对比参加过比赛的成年马和未参加过比赛的幼年马的肌肉，可以发现，成年马比小马四肢上的肌肉发达，且参加过比赛的马的肌肉，特别是菱形肌、棘下肌以及大腿筋膜张肌非常发达。从解剖学的角度来看，这些肌肉对快速奔跑，有非常重要的作用。例如，菱形肌控制着肩部的活动，棘形肌控制着腕部的活动，大腿筋膜张肌在后肢快速拉伸之前与弯曲的骨股关节运动有联系。这些肌肉在训练之后，因快速奔跑而变得非常发达。

这些部位的肌肉之所以发达是肌肉横切面积增加的结果，一般肌肉的力量与其横切面积呈正比，即曾经参加过比赛的马，肌肉的发达程度能显示出奔跑的能力。最近，一项新的课题引起了人们的广泛兴趣，那就是与奔跑能力相关的肌肉结构是否与遗传有关。研究人员也很关心快肌纤维与慢肌纤维所占比例是否受训练的影响而有所变化。如果快肌纤维与慢肌纤维的比例是固有的，那么就可以通过检查年轻马肌纤维的比例来判断其适合短跑还是长跑。

美国研究者对两岁时的马的肌纤维与三四岁时的比赛成绩的相关性进行研究，其结果表明：快肌纤维占 91% 以上的马群与快肌纤维占 90% 以下的马群，比赛成绩截然不同。虽然快肌纤维与慢肌纤维的比例，不会随着运动而改变，但认为运动对于赛马毫无用途的想法是大错特错的。运动能使肌肉增加、体力增强，另外能使毛细血管的分布加密，从而提高耐力，所以运动是必需的。因此为了提高赛马的基础体力，各种各样的速度训练是必不可少的。在先天遗传的基础上，通过给赛马适当的刺激进行训练，从而可获得更强的耐力和更快的速度。

第二节 马的力量

我们经常使用“马力”这一词语，“马力”不仅可以用来表示力量，同时也可以用来表示速度。它是一个动力单位，因此包含力量和速度双重概念。“马力”一词是由英国著名科学家詹姆斯·瓦特创造的，用以表示蒸汽机的性能。为什么瓦特会选择马，而不选择其他动物作为衡量标准？通过对马、牛、骡子等在内的各种家畜进行比较，可以发现马的工作效率是最高的。

汽车随着速度的提高而不断更换齿轮，马同样在加速的过程中也不断地变换着步伐。马在开始冲刺时为了使全身的力量在瞬间爆发。这时所采用的步伐称为“袭步”。由于“袭步”最大限度地反复弯曲、伸直身体，所以能产生瞬间爆发力，能持续的最长距离为200米。但这种步伐会消耗大量的能量，不能保持长久，当调整到某一速度时，马就会自动变换成“快步”进行奔跑。

第九章 马的繁殖与生长

第一节 马的繁殖

马的繁殖力是指公、母马具有正常繁殖机能和繁育后代的能力。马的繁殖力受其本身和外界环境如遗传性、年龄、健康状况、生殖机能以及气候、饲养管理、使役等双重因素的影响而不断发生变化。

1. 马的生殖器官

母马的生殖器官是由卵巢、输卵管、子宫以及阴道四部分组成。马的卵巢，在腹腔内，左右各一个，较乒乓球大，而且有点硬，在其上有一处凹陷，其中聚集着密密的卵原细胞。马卵巢的凹陷处与漏斗状管子相联结，这个接口后面联结着细细的输卵管，输卵管的另一端与子宫相连。马的输卵管细而弯曲，其长度约为 20 ～ 30cm，其大小与身体一般不成比例。马的子宫分别由左右两个子宫角、子宫体和子宫颈组成，我们把这种类型的子宫称为“双角子宫”。

2. 马的发情机理

每到春天，从母马脑垂体前叶分泌出卵泡激素（FSH）。这种激素会随血液到达卵巢，并对其产生刺激，使得原始卵泡向着成熟卵泡的方向发育。

装满卵泡液的成熟卵泡，在促进卵子成熟的同时，又促进激素的分泌，促使母马发情。另外，性激素的分泌还将促进黏膜增厚。待卵子完全成熟后，在排卵窝的部位就会自行分裂，通过输卵管的漏斗部排卵，其后形成黄体，黄体分泌促黄体生成素，它会抑制垂体分泌卵泡激素，来阻止接下来的卵泡发育，甚至在已增厚的子宫黏膜上积蓄分泌物，从而使得受精后的受精卵更容易着床。接下来就是受精，受精是输卵管漏斗部排出的卵子和沿输卵管上升的精子结合的过程。两者结合后形成受精卵，如果受精卵着床后没有妊娠就会被黄体吸收，随后子宫黏膜收缩，垂体再次分泌卵泡激素，原始卵泡又重新开始发育。

3. 发情期的马

马的繁殖期通常是在春季，这是因

为日照时间逐渐延长，刺激垂体分泌卵泡激素而引起的。

马出生后十五至十八个月，生殖器开始活动，但马的生殖活动从外观是看不出来的。牛和马的肛门较大，人的手能伸入，通过直肠触摸到卵巢和子宫，我们把这种方式称为直肠检查。这对于选择交配期或诊断妊娠期是一个不可缺少的重要检查方法。

没有达到最佳交配期的母马，如果进行交配，不但不会受孕，还会很危险。如果有公马与其交配，这种警戒心就更强，而且有时还会因讨厌公马的接近而将其踢开，严重的可能使其失去繁殖能力。

母马在十五至二十四个月时达到青春期，两至三岁的母马虽然可以生育，但到四岁时更合适。公马在一至两周岁间有繁育能力，而且通常在三到四岁以前不会把它们当作种马。通常不准备作为种马的公马，在两三岁以前就会被阉割。因为种公马性情较为暴烈，不适合骑乘。阉割后的公马叫骟马，性情则比较稳定。

第二节 马的生命周期

马的生理年龄大约是人的三分之一，其寿命大约为二十到三十岁。从出生到头十二个月为仔马；在五岁以前，称为幼龄马；五至十六岁是中年马；十六岁以后为老年马。

母马受孕后，身体的变化要到五个多月后才能明显地看出来。孕后两个月时，通过超声波检查已可看出仔马的性别；四个月时，马蹄已形成，唇部周围长出毛；六个月时，大部分的身体已长出毛，仔马身长约 56 厘米；八个月时，开始长出鬃毛，体重达 19 公斤；十个月时，体重大幅增加；十一个月时，仔马自行调整位置，使生产时头部先出产道。母马要生产时自己会先躺下，用力将仔马推出产道，整个生产过程只有十到十五分钟。仔马出世时身长至少有 109 厘米，体重可达 49 公斤。因为母体没有足够的空间同时孕育两匹仔马，所以母马怀双胞胎时常会流产。

刚产下的仔马可在出生后十五分钟

到半个小时内站立起来，母马会在一旁小心看护，仔马会立刻寻找母马吸吮第一口奶。仔马的腿看起来比它的身高要长，样子有点滑稽。出生后几周之内，仔马要完全靠母马哺乳，大约在六周后仔马可以自己觅食；两个月时蜕去乳毛，大约在四至六个月时断奶。出生后十二个月内，仔马通常与母马以及其他的仔马生活在一起，一岁以后便开始单独生活，或与不同性别的仔马隔离生活。

虽然小马因腿较长致使动作有些不协调，但骨架却开始逐渐强壮。当小马臀部的最高点与肩隆相平时，逐渐进入成熟阶段。

马在五岁以后，身体已完全成熟。由肩隆至肘的距离已接近由肘到地面的距离，所有内部的器官已发育良好，身体各部位之间的比例也已定型，被毛短密且光亮，肌肉发达均匀，运步正确，富有弹力和跳跃力，体力充沛，反应敏捷。

马到了十六岁以后，渐渐进入老年。它的循环系统会变得较差，四肢的关节也容易出现肿胀的情况，有的眼睛会凹陷，背部会下沉。随着年龄的增长，牙齿不断磨损，使得咀嚼困难，消化系统也逐渐衰弱，难以维持良好的健康状况。

以上即为马的生命周期。马是人类最好的朋友，有的马终其一生都在为人类辛苦劳作。因此，我们有必要了解马的一生，熟悉某一时期的马的特点，让马在协助人类生产的同时健康快乐地成长。

附录一

马的生理指标汇总

参数	参考范围
白细胞数目（WBC）	5.0~11.0 × 10^9/L
淋巴细胞数目（Lymph）	1.4~5.6 × 10^9/L
淋巴细胞百分比	20.0%~80.0%
单核细胞数目（Mon）	0.2~0.8 × 10^9/L
单核细胞百分比	2.0%~8.0%
中性粒细胞数目（Gran）	2.8~6.8 × 10^9/L
中性粒细胞百分比	20.0%~70.0%
红细胞数目（RBC）	5.30~13.00 × 10^{12}/L
血红蛋白（HGB）	108~150g/L
红细胞压积（HCT）	28.0%~46.0%
平均红细胞体积（MCV）	36.0~55.0fL
平均红细胞血红蛋白含量（MCH）	14.0~19.0pg
平均红细胞血红蛋白浓度（MCHC）	330~426g/L
红细胞分布宽度变异系数（RDW）	15.0%~21.0%
血小板数目（PLT）	95~660 × 10^9/L
平均血小板体积（MPV）	5.0~9.0fL
体温	37.2 ℃ ~ 38.5 ℃
心率	26 次 /min ~ 42 次 /min
收缩压	17.3 kPa
舒张压	12.6 kPa
呼吸	8 次 /min ~ 16 次 /min
血细胞比容	24% ~ 44%
血量	体重的 8% ~ 9%
血浆渗透压	771.0 kPa
血浆 pH 值	7.40

附录二

马业专业名词英、汉对照（以英文字母排序）

A

a pair of horseshoes（horseshoe, plate, sabot）一对蹄铁

abduction 外转动作

abnormal behaviour 恶癖行为

abnormal gait 异常步法

abortion 流产

acceleration sprint 全力奔跑

acclimatizing run 调教走法

acupuncture 针疗法

acute fatigue 急性疲劳

adaptability 适应性

adduction 内转动作

affair（race, running horse, racehorse）赛马

affiliative（amicable）behaviour 亲和友善的行为

aged 年龄

also run 号外马

alter（castrate, emasculate） 去势

American Association of Equine Practitioners（AAEP）美国马临床兽医师协会

American Endurance Riders Council（AERC）美国马耐力赛协会

American Horse Shows Association（AHSA）美国马术竞赛协会

American Horse Council（AHC）美国马审议协会

analgesic 镇静剂
antilactate 耐乳酸能力
apprentice jockey 实习骑手
approach stride 准备步法
appuyer 横步
Arab horse（Arabian）阿拉伯马
arena 马场
artificial gait 人为步法（调教步法）
Asian Racing Conference（ARC）亚洲赛马会
Asiatic Wild Horse（Mongolian Wild Horse）亚洲野马
Asphyxia 憩息（假死）
ass 驴
Association of Racing Commissioners International（ARCI）国际赛马协会
asymmetrical gait 非对称步法
at stud 种公马
athletic performance 比赛成绩
aubin 轻度跑步
auction（selling）马拍卖会

B

bay 骝毛
baby race（juvenile race）二岁马比赛
bad acter（actor）恶癖马
bag 马乳房
bald 白梁马
bar 拴马棒
bare back 裸马
bare foot 无蹄铁
barn（stable, stall）马舍（马圈）

barnacle（nose twitch）鼻捻棒
bars 齿槽间隙
bat 鞭子
bedding 马房垫草
betting ticket 马票
billet 马笼头环
biting 咬马
biting tooth 前齿（切齿）
black（jet black） 黑马（黑毛）
black smith 修蹄师
bleeder 马鼻出血
blood horse（Thoroughbred）纯血马
blowing 马鼻音
body brush 马刷
body hight 马体高
body length 马体长
body temperature 马体温
body weight 马体重
bolt（break through）躲走马
body condition score 马体型状态图
bow-legged（open knees, varus） “O”型腿
box 箱型马房
brand mark 烙印
breaking tackle 调教用具
breeding farm 育成牧场
breeding mount（dummy, phantom） 抬马
breeding season 马繁殖季节
brest strap 马胸带
Breton horse 布尔东马
bridle（head stall）马笼头
bridle path 马道

buckskin（dun）沙毛

bull ring（grass surface） 草地马场

bust 骑乘调教

by a half of length 差半马身

by a head 差一头

by a neck 差一颈部

by a nose 差一鼻孔

C

Caecum 〔c（a）ecum 〕盲肠

calico（pinto, paint horse）花毛（驳毛）

callosity（chestnut, night-eyes, castor, kerb, mallender） 附蝉（夜眼）

cane 竹鞭

cannon circumference 管围

canter 跑步

canterbury gallop 快速跑步

carriage 马车

cart horse 拉车用马

cautery 温灸

cavalry trot 骑兵队速步

Certificate of Foal Registration（CFR）马驹登录证明书

chart book 比赛成绩书

cheek teeth（griffin tooth）臼齿

canines 犬齿

coupling 肷部（饿凹）

chestnut 枣红马（枣红毛）

cinch（cinchas）腹带

cinch up 系腹带

circumference of the chest 胸围

cold blood 冷血种

colic（gripes）马疝痛

cardiac muscle 心肌

color 马的毛色

colt 满四岁公马

conformation 马的体型外貌（马格）

continued grazing 全天放牧

convex profile head 羊头

cow-hocked（knock-kneed, valgus） “X”型腿

crampy 拐行

crash skull 骑手帽

cream（palomono）淡黄马

China Horse Industry Association（CHIA）中国马业协会

Chinese Equestrian Association（CEA）中国马术协会

D

domestic horse（2n=64）家马

dam 母马

dark bay　黑骝毛

dark chestnut 黑枣红马

dismount 下马

distance race 长距离赛马

distance runner 长距离马

dog-legged driving whip（driving whip, whip, wip）马鞭

dove tail 燕尾

draught horse 挽马

dressage 场内马术

dressage saddle 马术马鞍

dropping（dung）马粪

dry coat 无汗症

dude horse 旅游用马

dust–bathing（roll up, sand rolling, sand–bathing）马沙浴

dressage 盛装舞步赛

E

ear down 耳捻保定法

empty mare（non–pregnant）空胎马

endurance 持久力

endurance race 耐力骑乘比赛

entry 参赛马登录

entry list 参赛马登录表

equestrian 马术家

equine sports medicine 马运动医学

equipment 马具

equitation 马术

equus caballus 马（2n=64）

equus asinus 驴（2n=54）

equus zebra 斑马（Mountain zebra, 2n=32, Grevy's zebra, 2n=46）

equidae 马科

equus mulus 骡（n=63）

equus hinnus 駃騠（n=63）

equus przewalskii 蒙古野马（普氏野马，2n=66）

equus 马属

exercise boy 调教骑手

extended gait 伸张步法

extended trot 伸张速步

equine infectious anemia（pernicious anemia）马传染性贫血

endurcmce training 耐力训练

F

faint mark 微刺毛

Falabella 法拉贝拉矮马

farcy（glandere, equine glands）马鼻疽

feather（hairy heel） 距毛

foal 产驹

foal box 分娩马房

foaling mare 哺乳母马

foaling record 生产记录

foot（hoot）马蹄

forage storehouse 马料库

four time（lateral gait）走马（对测步）

free-legged pacer 先天性对测步

freeze-brand 冻印

frog 蹄叉

fecundity 马的繁殖力

false pregnancy 母马假妊娠

G

gelding 骟马

gait 步样

gaits 步法

gallop 快速跑步

ginney（groom, lad, groom, guinea, hostler, swipe）马饲养员

girth circumference 马胸围

gray（grey）白马

guttural pouch（Auditory tube diverticulum）马喉囊

H

haif-bred 中间种

head marking 头部白斑

high lope 快速跑步

hippology 马业学

hippometry 马体测定法

hippotherapist 乘马疗法士

hippotherapy 乘马疗法

horse 马

horse ambulance 急救运马车

horse blanket（rug）马衣

horse float（horse van）运马车

horse name registration 马名登录

horse racing 赛马

horse racing law 赛马法

horse rustler 擦汗板

horse weighing scale 马测体重仪

horseback riding 乘马

horse-shoeing（farriery, plating）装蹄

hot blood 温血种

hunting 用马狩猎

hurdle race（steeplechasing, infield race）障碍赛马

hybrid 杂种

hyperidrosis 多汗症

horse culture 马文化

horsepower 马力

horse Science and Industry 马业科学
horse Industry 马业学
horse Science（Equine Science）马科学

I

ideal conformation 标准姿势
identification 个体识别
ileum 回肠
imperial crowner（purier）落马
incisor 切齿
infectious adenitis（strangles）腺疫
International Agreement on Breeding and Racing（IABR）赛马和育成国际协定
International Conference of Equine Exercise Physiology（ICEEP）国际马运动生理学会
International Conference of Raicing Authorities（ICRA）巴黎国际赛马会
International Conference on Equine Infectious Disease（ICEID）国际马传染病会议
International Equestrian Federation（FEI） 国际马术联盟
International Olympic Committee（IOC） 国际奥委会
International Sports Federations（ISF）国际赛马联盟
International Stud Book Committee（ISBC）马国际血统书委员会
isabella（palomino）海骝马

J

jack 公驴

jenny 母驴
jockey 骑手
jockey candidate 候补旗手
jockey is license 骑手证
judge 审判长
jumping 超越障碍赛
jumping ability 跳越障碍

K

kave（digging）前腿挖地
knee（knee joint）前膝
kicking（striking）踢蹴
knee bones（carpal bone）腕骨

L

labor（parturition）分娩
large oval star 大流星
large star 大星
lateral lying 横卧休息
lead lope（lead rein, lead shank）抢绳
lead pony（leader, leadership）诱导马（先头马）
leading 牵马
leg marking 白蹄马
lengthy 体长
length 差一马身
light breed horse 轻种马
lock mark（whirl, whorl）旋毛

M

mare 公马
man eater 咬人马

man killer 恶癖马

mane（mane wool）马鬃

molons 臼齿

manure（muck, feces）马粪

mare 母马

marking 互识

Mongolian Wild Horse（Taki）蒙古野马

Mongolian horse 蒙古马

mount（mounting）骑乘

mule 骡

muscle 肌肉

muscle fcltigue 肌肉疲劳

muscle strength and velocity training 肌肉强度和速度训练

N

nag 乘用马

natural gaits（principal gait）基本步法

natural service 本交

neural excitation 兴奋

nomination 配种费

number of races run 比赛次数

number of service 配种次数

number of starters 比赛头数

numnah（pad, panel, saddle blanket, saddle cloth）鞍褥

O

official order of placing 确定名次

outlaw 荒马

P

pack horse 驮马

paring the hoof（trimming the hoof, preparation）削蹄

pasture（paddock）放牧地

Percheron 佩尔什马

physique 马体型

pigskin 比赛用马鞍

placing 比赛顺序

plaiting（rope walking）交叉步法

polo 马球

polo plate 马球用蹄铁

pony 矮马

post time 比赛开始时间

pulled tail 整尾毛

R

race card 参赛马名录

race condition 比赛条件

race meeting 举行赛马

race performance（racing performance）比赛成绩

racecourse 赛马场

racing calendar 赛马成绩表

racing colors 骑手登录服色

racing fan 赛马爱好者

racing fixture 比赛日程

racing industry 赛马产业

racing official 赛马组织者

racing plate 比赛用蹄铁

racing program 赛马节目

racing saddle 赛马用鞍

racing silks 骑手服

rearing farm 育成牧场

reata 投绳

registration of breeding 血统登录

riding equipment 马具

riding for the disabled 残疾人骑马

Riding for the Disabled Association（RDA）残疾人骑马协会

riding horse 骑乘马

riding position 骑马姿势

riding stick 骑马用短鞭

recreational riding 旅游用马

riding club 乘马俱乐部

racing time 乘骑时间

runner-up 比赛成绩第二

S

suckling（weanling）马驹子

saddle gall（saddle sore）鞍伤

saddle up（saddling）装鞍

saddler 马具屋

school horse 骑乘教育用马

sire（stadd horse, stallion, stud horse）种公马

sire line 父系马

stallion station 种马场

standing-resting 站立休息

step（step length）步幅

stirrup 马镫

stirrup leather 马镫皮革

Stud Book Certificate 血统登录证明书

sweat scraper 刮汗板

smooth muscle 组肌
skeletal muscle 骨骼肌

T

thermocautery 烫印
three-gaited horse 马的三种步法
Tibet 藏马
tilting table 马用手术台
trainer 调教师
training assistant 调教助手
training cart 调教用马车
training effects 调教效果
training plate 调教蹄铁
training track 调教场
three-day event 三日赛
temperament 马的气质
teaser stauion 试情公马
teaser female 试情母马

V

visor（blinker, winkere）遮眼带

W

walk 常步
walk-trot horse 快步马
warmblood 温血种
weanling 断乳马驹
wild horse 野马
winning post 比赛终点
warm up 马热身

Y

yearling 未满一岁的马驹

附录三

世界主要马种简介

序号	品种名称	产地	特性	照片
1	蒙古马（Mongolian horse）	内蒙古自治区，蒙古国	适应性较强，抗严寒、耐粗饲、合群性好、耐力卓越。	
2	阿巴嘎黑马（Abaga Dark horse）	内蒙古自治区锡林郭勒盟阿巴嘎旗北部	体型大、毛色乌黑、有悍威、产奶量高、抗逆性强。	
3	鄂伦春马（Erlunchun horse）	大兴安岭、小兴安岭山区	对当地的自然环境有很强的适应能力，在 -40℃ ~ -50℃的气温下，可以在露天过夜，登山能力很强。	
4	锡尼河马（Xinihe horse）	内蒙古自治区呼伦贝尔市鄂温克族自治旗的锡尼河、伊敏河流域	终年大群放牧，具有很好的合群性，母马护驹性好，公马护群性强，能控制马群。	
5	利川马（Lichuan horse）	湖北省西南山区	在山区、丘陵和平原都能作驮、挽、乘用，具有良好的爬山和驮运能力。	

6	德保矮马（Debao pony）	广西壮族自治区德保县	性情温顺且易于调教，对当地石山条件适应性良好。	
7	西藏马（Tibetan horse）	西藏自治区的东部	对高原的适应能力很强，在海拔4700m的草场放养，很少患病。	
8	河曲马（Hequ horse）	甘肃、四川、青海三省交界处的黄河第一弯曲部	对海拔较高、气压较低、气候多变的高山草原有极强的适应能力。血液中的红细胞和血红蛋白含量均高。	
9	哈萨克马（Kazakh horse）	新疆维吾尔自治区、哈萨克斯坦	具有适应大陆性干旱、寒冷气候的特性。	
10	焉耆马（Yanqi horse）	新疆维吾尔自治区巴音郭楞蒙古自治州北部	经长期选育，形成耐粗饲、持久力强、善于登山涉水、耐热抗寒、体质结实、恋膘性强的特点。	
11	三河马（Sanhe horse）	内蒙古自治区呼伦贝尔市的三河（根河、得尔布尔河、哈乌尔河）	耐寒、耐粗饲、恋膘性强、抗病力强、代谢机能旺盛、血液氧化能力较强。	

12	锡林郭勒马（Xilingol horse）	锡林郭勒草原	耐粗饲、耐严寒、抗病力强，锡林郭勒马合群、护群、圈群、配种能力强。	
13	伊犁马（Yili horse）	新疆维吾尔自治区伊犁哈萨克自治州	既保持了哈萨克马的优点，又吸收了培育过程中引进的国外良种马的体形结构和性能，适应性强。	
14	纯血马（Thor-oughbred）	原产于英国	体态轻盈，体质干燥、细致，悍威强，皮薄毛短，皮下结缔组织不发达，血管、筋腱明显，体躯呈正方形或高方形，短跑能力极强。	
15	阿拉伯马（Arabian horse）	阿拉伯地区	体型清秀，体质干燥结实，头部呈“凹”字形，拥有优美的鹤颈。多数马的腰椎较其他品种少 1 枚，尾椎少 1 ~ 2 枚。	
16	阿哈－捷金马（Akhal—Teke）	土库曼斯坦	体质细致、干燥，体型轻而体幅窄，姿态优美。	
17	夸特马（Quarter Horse）	美国	体高约为 152 ~ 162 cm，毛色为各种单一颜色，曾以肌肉发达的臀腰部而闻名，全速奔跑的能力最强。	

18	奥尔洛夫快步马（Orlov trotter）	苏联	体质结实、干燥。头中等大小，颈较长，鬐甲明显。前胸较宽，背较长，腰短，尻较长。四肢结实，肌肉发育良好，蹄质坚实。	
19	汉诺威马（Hanoverian）	德国	体高约为 164 cm，有异乎寻常的力量、华贵而正确的动作和良好的性格。	
20	标准马（Standardbred）	美国	臀部通常比鬐甲高，带给臀腰部强大的推进力。标准马既可用传统的快步来行走，也可用对侧步。	
21	卡巴金马（Kabarda）	苏联北高加索地区	体质结实，结构协调。	
22	阿尔登马（Ardennes）	比利时东海与法国毗邻的阿尔登山区	属于重挽马类型。体质结实、干燥。	
23	萨德尔马（Saddlebred）	美国	一种仪态大方、精神焕发的良马，能够用一种高昂振奋的动作表演慢步、快步和慢跑（三种步态）。	

马科学

24	设特兰马（American Shetland）	美国	体高约为 113cm。	
25	克莱兹代尔马（Clydesdale）	英国	四肢发育良好，边毛很浓，但不粗糙。	
26	弗里斯兰马（Friesian）	丹麦北部海岸的弗里斯兰	鬃毛非常浓密，强壮的肩部是其独有的特征，下肢有浓密的边毛，蓝角质的蹄子非常硬。	
27	里海马（Caspian）	亚洲西部	体高约为 101 ~ 122 cm，有适合于速度比赛的体型和结构。	
28	卡拉巴赫马（Karabakh）	卡拉巴赫山区	体高约为 142 cm，四肢长而细，蹄子坚硬且发育良好。	
29	普尔热瓦尔斯基氏马（Przewalski's Horse）	亚洲	染色体数为 66 条，鬣毛竖起，毛色为褐色，腿部为黑色，有斑马状的条纹，还有很长的背线。	
30	卡提阿瓦马（Kathiawari）	印度	体高的为 152cm，耳朵向内卷曲，呈圆弧形，耳尖相触碰。尾巴翘得较高。	

31	冰岛马（Icelandic Horse）	冰岛	体高约为124～135 cm，除了基本步法之外，还可用快步和对侧步运步。	
32	挪威峡湾马（Fjord）	挪威	体高约为132～144 cm，毛色为暗褐色，关节特别强壮。	
33	哥德兰马（Gotland）	瑞典	体高约121~123 cm，耐力好，后肢的发育较差，擅长跳跃和快步竞赛。	
34	胡克尔马（Hucul）	波兰	体高约122~132 cm，通过改良，改进了后腿的结构，有强壮的下肢和耐磨的蹄子。	
35	柯尼克马（Konik）	波兰	体高约为132 cm，继承了祖先欧洲野马的健壮体质和结实体格，性格很安静。	
36	哈菲林克尔马（Halflinger）	奥地利	体高约为135 cm，头部发育良好，眼睛大，有大而宽的鼻孔，耳朵小而灵活。	
37	阿列日马（Ariegeois）	比利牛斯山的东部	体高约为133~145 cm，拥有垂直的肩部和平坦的鬐甲，身体厚实。	

马科学

38	兰道斯马（Landais）	法国	体高约为114～133 cm，四肢、体型较轻，能吃苦耐劳，易于饲养。	
39	波特克马（Pottock）	巴斯克地区	标准型、花斑色型（111～132 cm）和双波特克型（123～144 cm）。颈短，肩部直，背部较长。	
40	高地马（Highland）	西班牙	体高约为144 cm，头部机敏，眼睛与吻部的距离较短，有宽的前额和鼻孔，颈部强壮。	
41	戴尔斯马（Dales）	达勒姆和北约克郡的东奔宁地区	体高约为144 cm，四肢短而有力，有着丝光般的边毛。	
42	费尔马（Fell）	苏格兰	体高约为142 cm，身体结实而厚重，有蓝蹄角质的硬蹄子。	
43	哈克尼小型马（Hackney Pony）	坎布里亚地区	体高约为123～142 cm，拥有特色的小型马头，高的颈架，低的鬐甲和有力的肩部。	

44	埃克斯穆尔马（Exmoor）	英格兰东南部的埃克斯穆尔地区	体高约为123～124 cm，四肢短小而匀称，蹄子坚硬而精巧。	
45	达特穆尔马（Dart-moor）		体高约为123 cm，肩部和四肢均发育良好。	
46	新福里斯特小型马（New Forest Pony）	英国	体高约为144 cm，圆形轮廓，由头顶到鬐甲的长度足够长，有长而倾斜的肩部。	
47	康尼马拉马（Conne-mara）	爱尔兰	体高约为132～144 cm，有着卓越的乘用型斜肩，头顶到鬐甲的长度出众。	
48	威尔士山地小型马（Welsh Mountain Pony）	英国	体高约为121 cm，头部漂亮，身体结实，肚围很深。	
49	威尔士小型马（Welsh Pony）	英国	体高约为132～144 cm，其肚围卓越，腿的比例比威尔士山地小型马长。	
50	威尔士柯柏小型马（Welsh Pony of Cob Type）	英国	体高约为134 cm，外形结实，有着厚实的颈部，肩部很长，四肢强壮。	

51	巴迪奇诺马（Bardigiano）	意大利	体高约为121～132 cm，肩部倾向于垂直，身体短而结实，肋骨富有弹性，后腿的结构很好。	
52	索雷亚马（Sorraia）	西班牙和葡萄牙	体高约为123～132 cm，身体结实，肚围很深，尾巴常为黑色，尾础很低。	
53	斯基罗马（Skyrian Horse）	斯基罗斯岛	体高约为111 cm，头部端正，耳朵小而尖，有背线和斑马条纹。	
54	品达斯小型马（Pindos Pony）	希腊	体高约为132 cm，胫骨很长，尾础较高，但臀腰部比较弱，蹄子硬而窄。	
55	巴什基尔马（Baskir）	俄罗斯	体高约为142 cm，头部重，颈部短而厚实，肩部厚重，背部平而直，有浓密而卷曲的被毛。	
56	多勒·康伯兰德马（Dole Gudbrandsdal）	挪威	体高约为144～154 cm，颈部、背部较长，肚围较深，臀腰部肌肉强健。	

57	芬兰马（Finnish Horse）	芬兰	体高约为 154 cm，肩部强壮，躯体较长，四肢匀称端正。	
58	瑞典温血马（Swedish Warm-blood）	瑞典	体高约为 164 cm，有健壮的肩部和结实的身躯，四肢强健，关节发育良好。	
59	腓特烈斯堡马（Frederiks-borg）	丹麦	体高约为 155 cm，肩部垂直，颈部短而垂直，躯体较长，关节发育优良，四肢强健。	
60	纳普斯特鲁马（Knab-strup）	丹麦	体高约为 154 cm，吻部斑驳，眼的周围有白色的巩膜，斑点伸展到腿上，身体结实。	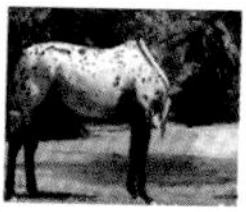
61	丹麦温血马（Danish Warm-blood）	丹麦	体高约为 164 cm，肩部发育良好，前腿较长，有大而平的膝部。	
62	海尔德兰马（Gelder-lander）	荷兰	体高约为 154 ~ 164 cm，肩部强壮，鬐甲低，肚围深，有着短而壮的四肢和生长良好的脚。	

马科学

63	格罗宁根马（Groningen）	荷兰	体高约为154～164 cm，颈短而强壮，关节部位足够宽阔，身躯和背部相当长。	
64	荷兰温血马（Dutch Warm-blood）	荷兰	体高约为162 cm，身体比较紧凑、结实，四肢强健。	
65	比利时温血马（Belgian Warm-blood）		体高约为164 cm，鬐甲发育良好，躯体结实且富有弹性，肚围很深，背部发育良好。	
66	特雷克纳马（Trakehner）	德国	体高约为162～174 cm，肩部强壮，四肢和关节强健。	
67	大波兰马（Wielkopolski）	波兰	体高约为162～164 cm，肌肉发达，肩部强壮，身躯有力结实，后腿较轻，跗关节发育良好。	
68	巴伐利亚温血马（Bavarian Warm-blood）	德国	体高约为162 cm，身体、骨骼发育良好，肚围较厚。	

69	荷尔斯泰因马（Holstein）	德国	体高约为162～172 cm，颈部较长，略有倾斜，肩胛骨间距较小，鬐甲部比较高。	
70	奥尔登堡马（Oldenburg）	德国	体高约为164～174 cm，高鼻梁，颈部强健，肩部较长，胸部宽阔，四肢发育良好，比例协调。	
71	符腾堡马（Wurttemburg）	德国	体高约为162 cm，四肢健壮且发育良好，骨骼强壮，尤其跗关节发育良好。	
72	莱茵兰德马（Rhinelander）	德国	体高约为164 cm，颈部和丰满的胸部配合得很好，颈部是轻型的，而且相当短。	
73	农聂斯马（Nonius）	匈牙利	体高约为155～164 cm，膝关节以下的骨骼发育适当，四肢的比例很协调。	

74	弗雷索马（Furioso）	奥地利	体高约为162 cm，身体结实而健壮，肚围很深，后腿很强壮，膝关节距地面较近。	
75	沙加·阿拉伯马（Shagya Arab）	匈牙利	体高约为152 cm，眼睛大又亮，背部结实，前肢与身体间距大，肩部强壮，后肢发育良好。	
76	利皮扎马（Lipizzaner）	奥地利、匈牙利、罗马尼亚、捷克	体高约为153～164 cm，颈部短而厚实，有与颈部结构很相称的肩部和短而有力的四肢。	
77	塞拉·法兰西马（Selle Francais）	法国	体高约为162 cm，四肢强健。	
78	法国快步马（French Trotter）	法国	体高约164 cm，肩部灵活，臀腰部强有力。4岁及以上的马的资格审查标准为每公里1分22秒。	
79	卡马尔格马（Camargue）	法国	体高约为144 cm，颈短，肩部垂直，臀部十分强壮。	

80	盎格鲁—阿拉伯马（Anglo–Arab）	法国	体高约为162～164 cm，头部轮廓是直线形的，四肢健壮、纤细。	
81	哈克尼马（Hackney Horse）	英国	体高约为155 cm，头部小而呈“凸”字形，颈部长，胸部深，鬐甲较低，跗关节柔性大，四肢较短。	
82	克利夫兰骝马（Cleveland Bay）	英国	体高约为164 cm，颈部和肩部强壮，由鬐甲到肘的距离等于或大于由肘到地面的距离。	
83	爱尔兰挽马（Irish Draught）	爱尔兰	体高约为162～172 cm，整体结构强壮，四肢肌肉发达，蹄子发育良好。	
84	威尔士柯柏马（Welsh Cob）	英国	体高约为144～154 cm，头部端正，耳朵小，颈部呈弧形且强壮。肚围深，身体结实。	

85	萨莱诺马（Salerno）	意大利	体高约为162 cm，四肢、骨骼发育良好。有良好的身体结构和跳跃天赋。	
86	穆尔格斯马（Murgese）	意大利	体高约为152～162 cm，背部强壮，体长适度。	
87	安达卢西亚马（Andalucian）	西班牙	体高约为154 cm，鬃毛长、卷曲且浓密，颈部短，肌肉发达，肩部宽阔而健壮，跗关节强壮。	
88	卢西塔诺马（Lusitano）	葡萄牙	体高约为152～162 cm，头部优秀，颈部短，肩隆低，背部短，身体结实，四肢较长。	
89	阿特莱尔马（Alter-real）	葡萄牙	体高约为152～162 cm，头部较小，肩部和前臂强壮，身体短而结实，肚围很深。	

90	布琼尼马（Budyonny）	俄罗斯	体高约为 162 cm，头部精致，肩部短，颈部较轻，且呈直线型。	
91	顿河马（Don）	俄罗斯	体高约为 155 cm，肩部短而直，臀部呈圆形，臀腰部向后倾斜，前肢肌肉较发达，适应性强。	
92	北方瑞典马（North Swedish Horse）	瑞典	体高约为 155 cm，头部大而短，肩部强壮而有力，胸围宽大，四肢短而强健，骨骼结实。	
93	日德兰马（Jutland）	丹麦	体高约为 152 ~ 162 cm，头大，颈短而厚实，胸部较宽，臀腰部肌肉发达，腿部的毛长且浓密。	
94	布拉班特马（Brabant）	比利时	体高约为 164 ~ 172 cm，头部呈方形，颈部短粗，臀腰部圆而肥壮。四肢短而粗壮，端部的毛长且浓密。	

95	诺里克马（Noriker）	奥地利	体高约为162～172 cm，鼻孔较宽阔，四肢短而有力。	
96	布洛纳斯马（Boulonnais）	法国	体高约为155～165 cm，头部精良，皮肤带纹理，四肢肌肉发达，胫骨短而粗壮。	
97	布雷顿马（Breton）	法国	体高约为155～165 cm，头部呈方形，颈部较短，厚实并有弧度。臀腰部呈方形，四肢短而粗壮。	
98	佩尔什马（Percheron）	法国	体高约为162～174 cm，头部端正，耳长、眼大、额宽，鬐甲突出，胸围深，四肢短小而强健。	
99	诺曼·柯柏马（Norman Cob）	法国	体高约为155～165 cm，颈部强壮，肩部良好，背部较短，臀腰部肌肉发达，四肢较短。	

100	萨福克矮马（Suffolk Punch）	英国	体高约为162～165 cm，头部较大，额头宽，颈部厚实，臀腰部呈圆形。	
101	夏尔马（Shire）	英国	体高约为164～174 cm，鼻子呈“凸”字形，肌肉发达，四肢长满了长毛，体重可达1016～1219 kg。	
102	意大利重挽马（Italian Heavy Draft）	意大利	体高约为152～162 cm，头部端正，肩部发育良好，胸部很深，肚围很深。身体结实、匀称。	
103	哈克马（Hack）	英国	体高约为144～155 cm，臀部肌肉发达，四肢轻型，膝盖以下，有粗壮的骨骼。	
104	落基山小型马（Rocky Mountain Pony）	北美	体高约为144～152 cm，颈部长，肩部强壮，鬐甲低而平，背部优美地向臀部弯曲。	

105	阿萨蒂格马（Assateague）	北美	体高约为 121 cm，鬐甲凸起，肩部厚实，有着短而结实的身体。	
106	塞布尔岛马（Sable Island）	北美	体高约为 142 ~ 152 cm，头大，肩隆很少突起，身体较窄小，尾巴长得较低，臀腰部较弱。	
107	加利青诺马（Galiceno）	北美	体高约为 142 cm，头部端正，头部和颈部结合良好，背部较窄。	
108	阿帕卢萨马（Appaloosa）	北美	体高约为 144 ~ 154 cm，毛色为斑点色，有五种类型。	
109	密苏里狐步马（Missouri Fox Trotter）	北美	体高约为 162 ~ 172 cm，身体宽，胸部深，肩部有力，后肢健壮，肌肉发达。	

110	摩根马（Morgan）	北美	体高约为144～154 cm，肩部强壮，臀腰部发育良好，四肢关节清晰，胫骨短而强壮。	
111	穆斯唐马（Mustang）	北美	体高约为144～154 cm，鬃毛和尾毛浓密，身体强壮，鬐甲部不突出。	
112	帕洛米诺马（Palomino）	北美	体高约为143～162 cm，毛色为新铸成的金币色，鬃毛和尾毛为银白色。	
113	美国花马（Paint Horse）	北美	体高约为152～162 cm，毛色为花色，臀腰部强壮，四肢发育良好。	
114	田纳西走马（Tennessee Walking Horse）	北美	体高约为152～162 cm，躯干比较短，性情温顺。	

115	科罗拉多巡逻马（Colorado Ranger）	北美	体高约为154 cm，毛色为花斑色，身体结实而厚重，四肢强健。	
116	法拉贝拉马（Falabella）	南美	体高约为71 cm，主要被当作宠物马，头部与身体相比较而言大而重，鬃毛浓密。	
117	克里奥尔马（Criollo）	南美	体高约为142～152 cm，头部中等大小，肋骨富有弹性。	
118	巴苏马（Paso）	秘鲁	体高约为142～152 cm，胸部宽而深，肌肉发达。以特殊的步法而著称。	
119	马球小型马（Polo Pony）		体高约153.42 cm，头部瘦长、端正，颈部清瘦，鬐甲突出，四肢较直，胫骨较短。	

120	澳洲小型马（Australian Pony）	澳大利亚	体高约为121～142 cm，头部轮廓略呈“凹”字形，颈部弯曲，臀腰部丰满，发育良好。	
121	澳洲种马（Australian Stock Horse）	澳大利亚	体高约为152～162 cm，胸部深，肩部发育良好，背部、臀腰部强壮，胫骨短。	
122	柏布马（Barb）		体高约为154 cm，头骨较窄，肩部倾向于直深，尾础较低。	

马科学

后 记

为弘扬“吃苦耐劳、一往无前，不达目的绝不罢休”的蒙古马精神，继承和发展马文化，内蒙古社科联组织策划了“内蒙古马文化与马产业研究丛书”，并在此基础上，借助“内蒙古社会科学基金项目”社科普及类项目资金的支持，编撰了这套口袋书。以口袋书的形式宣传、推广马文化和马产业相关知识，在我区甚至我国尚属首次。

在本书统编过程中，得到了内蒙古自治区党委宣传部、内蒙古社科联的支持，在此深表感谢。

由于水平有限，书中难免存在谬误，恳请读者和有关专家学者予以指正，我们将不胜感激。

编者

2019 年 8 月 5 日